电路原理图
全能设计
从初级到资深

朱波 ◎ 编著

清华大学出版社

北京

内 容 简 介

本书系统地讲述了电路原理图的设计，全书一共有 5 章。第 1 章是原理图设计规范，从原理图版面设计、元器件管理、原理图设计约束等方面仔细讲解了设计原理图时要遵守的规范；第 2 章是原理图检查单，原理图检查单的作用是规范原理图的评审要素，使原理图评审过程更加高效；第 3 章以 Cadence 17.4 为基础，对原理图的设计过程进行了详细阐述，目的是让读者一步一步地根据流程设计出符合产品要求的原理图；第 4 章是电路仿真，重点讲解如何创建仿真电路、绘制仿真电路和执行仿真；第 5 章是具体案例，以设计一款安防主控板为例，完整讲述了原理图的绘制方法和设计注意事项。

本书在编写时力求做到深入浅出、图文并茂、通俗易懂，在讲述原理图绘制时把电路设计与实际的产品设计结合起来，做到了理论知识与实际应用相结合，原理图设计与产品设计相结合。

本书内容详实、条理清晰，适用于高等学校电子信息类本科生及大专生使用，也可以供从事电路设计的工程技术人员阅读。

图书在版编目(CIP)数据

电路原理图全能设计：从初级到资深/朱波编著.—北京：清华大学出版社，2024.4
ISBN 978-7-302-65647-0

Ⅰ. ①电… Ⅱ. ①朱… Ⅲ. ①印刷电路—计算机辅助设计—应用软件 Ⅳ. ①TN410.2

中国国家版本馆 CIP 数据核字(2024)第 049091 号

责任编辑：杨迪娜
封面设计：杨玉兰
责任校对：徐俊伟
责任印制：宋　林

出版发行：清华大学出版社
　　网　　　址：https://www.tup.com.cn，https://www.wqxuetang.com
　　地　　　址：北京清华大学学研大厦 A 座　　　　邮　　编：100084
　　社　总　机：010-83470000　　　　　　　　　　邮　　购：010-62786544
　　投稿与读者服务：010-62776969，c-service@tup.tsinghua.edu.cn
　　质量反馈：010-62772015，zhiliang@tup.tsinghua.edu.cn
　　课件下载：https://www.tup.com.cn，010-83470236
印　装　者：三河市君旺印务有限公司
经　　销：全国新华书店
开　　本：170mm×240mm　　印　张：17.25　　　　字　　数：346 千字
版　　次：2024 年 4 月第 1 版　　　　　　　　　印　　次：2024 年 4 月第 1 次印刷
定　　价：79.00 元

产品编号：096689-01

电路原理图设计是做好一款电子产品的基础,设计一份准确和规范的原理图对产品功能的实现、产品硬件可靠性和 PCB 设计有重要的指导意义。本书从原理图设计规范、原理图检查清单、原理图绘制方法和原理图仿真四个方面对设计一份准确和规范的原理图进行了详细的讲解。其中原理图设计规范和原理图检查清单经常被硬件工程师所忽略,在实际电路设计的过程中,不少工程师急于电路功能的实现,在原理图绘制时不够严谨,原理图绘制完成后,也没有进行检查清单的核对和评审,导致后期电路调试出现较多的问题。本书作者真心地希望硬件设计人员在阅读本书以后,在原理图设计过程中能充分考虑原理图的可阅读性、规范性,以及把原理图设计与产品可制造性、成本控制等多方面结合起来,全面提升自己的硬件综合设计能力,成为一名合格的硬件设计工程师。

如何阅读本书

电路原理图涉及的硬件知识众多,本书重点从产品设计的角度讲述如何进行电路原理图的设计。如果您是一位初入职场的硬件设计人员,建议通读本书,尤其是第 1 章原理图设计规范和第 2 章原理图检查单。如果您已经有了较好的硬件设计基础,建议您先翻阅本书的目录,按自己的需要来阅读本书,不过第 4 章基于 OrCAD PSpice 的电路仿真建议要仔细阅读,电路仿真给出了一个成本低、效率高的电路验证方法。熟练掌握电路仿真后,能够预测和更好地理解电路行为,对电路假设的情形进行实验,在产品进入原型机开发阶段之前,找出电路的问题所在。

当然阅读也不是千篇一律的,不同的读物需要用相应的方式来阅读,尤其是理解性阅读,并非易事,需要一边实践一边理解书籍要表达的内容。阅读是一门艺术,而掌握一门艺术,又岂会是一时之功。

为什么要写这本书

在出版了第一本书《硬件电路与产品可靠性设计》之后,得到了不少读者认可,第一本书在出版了半年时间内又第二次印刷,第一本书的销量激励着我继续写作。其次写作可以完善自己的知识结构,我们大部分人每天都做着重复的工作,把零散的工作串联起来,梳理出属于自己的一套知识体系,并通过文字、图片和表格的方式整理成书稿其实是一件很快乐的事情。

写书的感触

从事了 20 多年的硬件设计工作,多年来我坚持每周做几小时的知识总结,这为写书奠定了较好的理论基础。我的写作宗旨是:要么不写,要写就要写出非常实用与非常贴切的案例,从硬件知识领域来看,本书注重的是实际操作,全面讲述原理图的绘制方法,以及如何进行原理图的信号仿真。

写作是一个较长的过程,本书从选题到书稿的完成经历了10个月左右的时间。这期间,有困惑、有迷茫,特别是在案例讲解过程中如何做到既全面又要有深度。研究越深入,越能发现很多细微的问题需要解决,我经常感觉到"柳暗花明又一村",当碰到不同知识点需要并行讲解时,则有"横看成岭侧成峰,远近高低各不同"的感觉。写作,说不难也难,只要我们静下心来,认真地去思考去写作,就一定能写出读者满意的作品和自己满意的作品。

写在最后

本人生活在深圳,深圳被誉为"硬件之都",每当路过"中国电子第一街"的华强北,感慨只有创作出更好的作品才能跟上这个城市的步伐,更感慨我国电子行业的强大。

感谢清华大学出版社的编辑杨迪娜老师,她的专业和敬业令笔者由衷钦佩。在此也对所有为本书付出心血的清华大学出版社的工作人员表示诚挚的谢意。

深知读者对科技类书籍要求越来越高,虽然在编写的过程中力求做到合理、准确,然而水平有限,书中难免存在不足与错误之处,敬请广大读者批评指正,在此表示衷心感谢。

朱 波

2024年4月,深圳

目录
CONTENTS

第1章　原理图设计规范 ……………………………………………… 1

1.1　概述 ………………………………………………………………… 1

1.2　电路的基本概念 …………………………………………………… 1

    1.2.1　电路的主要物理量 ……………………………………… 2

    1.2.2　电路元件 …………………………………………………… 5

    1.2.3　节点、支路与回路 ……………………………………… 6

1.3　原理图设计规范基本原则 ………………………………………… 8

1.4　确定需求 …………………………………………………………… 8

1.5　原理图构成 ………………………………………………………… 12

1.6　原理图版面设计 …………………………………………………… 14

1.7　元器件管理 ………………………………………………………… 21

1.8　元器件符号 ………………………………………………………… 22

1.9　网络标号命名 ……………………………………………………… 24

1.10　原理图绘制步骤与方法 …………………………………………… 25

    1.10.1　总线式画法 ……………………………………………… 26

    1.10.2　CPU的画法 ……………………………………………… 26

    1.10.3　测试点放置 ……………………………………………… 26

1.11　原理图设计约束 …………………………………………………… 29

    1.11.1　电路接口电平匹配约束 ………………………………… 29

    1.11.2　器件工作速率约束 ……………………………………… 32

    1.11.3　对外接口热插拔约束条件 ……………………………… 33

    1.11.4　产品认证约束 …………………………………………… 36

1.12　电路设计模块化与重用 …………………………………………… 39

1.13　信号完整性与电源完整性设计 …………………………………… 39

    1.13.1　信号质量 ………………………………………………… 40

    1.13.2　串扰 ……………………………………………………… 40

    1.13.3　电源噪声抑制 …………………………………………… 41

第2章　原理图检查单 ……………………………………………… 46

2.1　检查项等级划分 …………………………………………………… 46

2.2 原理图规范检查项 ………………………………………………… 46

2.3 元器件选型检查项 ………………………………………………… 48

2.4 电源与接地检查项 ………………………………………………… 55

2.5 总线接口电路检查项 ……………………………………………… 61

2.6 引脚处理检查项 …………………………………………………… 65

2.7 时钟电路检查项 …………………………………………………… 69

2.8 通用技术检查项 …………………………………………………… 73

2.9 可制造性检查项 …………………………………………………… 83

2.10 模块电路检查项 ………………………………………………… 85

第3章 原理图绘图(基于 Cadence 17.4) ……………………………… 87

3.1 Cadence 17.4 介绍 ………………………………………………… 87

3.2 OrCAD Capture 功能模块 ………………………………………… 88

3.3 原理图管理器 ……………………………………………………… 88

3.3.1 新建原理图 ………………………………………………… 89

3.3.2 打开原理图 ………………………………………………… 89

3.3.3 平坦式原理图与层次式原理图 …………………………… 91

3.4 原理图元件库 ……………………………………………………… 92

3.4.1 加载元件库 ………………………………………………… 92

3.4.2 新建元件库和移除元件库 ………………………………… 94

3.4.3 新建元件 …………………………………………………… 95

3.4.4 通过 Excel 表格创建元件 ………………………………… 100

3.4.5 通过复制创建元件 ………………………………………… 102

3.5 原理图绘制 ………………………………………………………… 103

3.5.1 进入原理图编辑界面 ……………………………………… 104

3.5.2 编辑界面常用设置 ………………………………………… 104

3.5.3 元件放置 …………………………………………………… 107

3.5.4 元件属性设置 ……………………………………………… 111

3.5.5 元件边框编辑 ……………………………………………… 112

3.5.6 绘制导线 …………………………………………………… 112

3.5.7 绘制总线 …………………………………………………… 114

3.5.8 自动连线 …………………………………………………… 116

3.5.9 放置网络连接符 …………………………………………… 118

3.5.10 放置电源符号和接地符号 ……………………………… 120

3.5.11 放置非连接符号 ………………………………………… 121

3.6 非电气对象的放置 ………………………………………………… 122

3.6.1 放置辅助线 ·································· 122

3.6.2 绘制矩形 ·································· 123

3.6.3 放置字符 ·································· 123

3.6.4 放置图片 ·································· 124

3.7 原理图全局编辑 ·································· 126

3.7.1 元件位号编辑 ·································· 126

3.7.2 元件属性编辑 ·································· 126

3.7.3 网络标号编辑 ·································· 126

3.7.4 原理图的查找功能 ·································· 130

3.8 原理图后期处理 ·································· 132

3.8.1 设计规则检查 ·································· 132

3.8.2 输出第一方网络表 ·································· 134

3.8.3 输出第三方网络表 ·································· 136

3.8.4 BOM 表输出 ·································· 137

3.9 打印输出 ·································· 139

3.9.1 打印属性设置 ·································· 139

3.9.2 局部打印设置 ·································· 141

3.9.3 打印预览与打印 ·································· 141

3.10 原理图绘制实例 ·································· 142

3.10.1 工程文件创建 ·································· 143

3.10.2 元件库创建 ·································· 143

3.10.3 新元件制作 ·································· 144

3.10.4 图纸尺寸设置 ·································· 147

3.10.5 元件放置与布局 ·································· 148

3.10.6 电气连接的放置 ·································· 149

3.10.7 元件位号重新排序 ·································· 149

3.10.8 DRC 检查 ·································· 151

第 4 章 电路仿真(基于 OrCAD PSpice) ·································· 156

4.1 PSpice 介绍 ·································· 156

4.2 PSpice 仿真模块 ·································· 157

4.3 使用电路仿真软件的目的 ·································· 158

4.4 PSpice 中数字、单位、元件符号 ·································· 159

4.5 PSpice 元件库 ·································· 160

4.6 创建仿真电路 ·································· 162

4.7 绘制仿真电路 ·································· 165

4.8　设置仿真参数和执行仿真 ·· 168

4.9　放置 Probe 探针仿真 ·· 170

4.10　直流工作点分析 ··· 172

　　4.10.1　绘制仿真原理图 ··· 172

　　4.10.2　直流工作点仿真参数设置 ···································· 174

　　4.10.3　执行仿真并观察结果 ··· 175

4.11　直流扫描分析 ··· 176

　　4.11.1　绘制仿真原理图 ··· 176

　　4.11.2　直流扫描分析参数设置 ·· 176

　　4.11.3　执行仿真与分析输出波形 ····································· 177

4.12　交流分析 ·· 179

　　4.12.1　电路频率响应 ··· 179

　　4.12.2　交流分析信号源 ··· 180

　　4.12.3　绘制仿真原理图 ··· 181

　　4.12.4　交流仿真分析参数设置 ·· 181

　　4.12.5　执行仿真与波形分析 ·· 182

4.13　瞬态电路仿真 ··· 184

　　4.13.1　瞬态信号源介绍 ··· 184

　　4.13.2　绘制仿真原理图 ··· 188

　　4.13.3　设置 PSpice 仿真参数 ·· 189

　　4.13.4　执行 PSpice 仿真程序 ·· 190

4.14　诺顿定理仿真 ··· 192

　　4.14.1　绘制原理图 ··· 192

　　4.14.2　设置仿真参数 ··· 193

　　4.14.3　执行仿真与结果分析 ·· 193

　　4.14.4　验证定理 ·· 196

4.15　晶体三极管放大电路分析 ·· 199

　　4.15.1　静态工作点计算 ··· 199

　　4.15.2　静态工作点的温度特性分析 ···································· 204

　　4.15.3　静态工作点对放大电路的影响 ·································· 207

　　4.15.4　测量输入电阻和输出电阻 ······································ 216

　　4.15.5　放大电路的频率响应特性 ····································· 219

4.16　PSpice 高级仿真功能 ··· 224

　　4.16.1　温度分析 ·· 224

　　4.16.2　最坏情况分析 ··· 225

　　4.16.3　傅里叶分析 ··· 230

第 5 章 安防主控板电路设计(具体案例) ·· 234

5.1 实例概述 ·· 234

5.2 主控板规格书 ·· 235

5.3 原理图设计要求 ·· 237

    5.3.1 CPU 小系统设计要求 ·· 237

    5.3.2 电源设计要求 ·· 240

    5.3.3 外围接口电路设计要求 ·································· 242

5.4 原理图绘制 ·· 243

5.5 PCB 设计 ·· 261

    5.5.1 器件布局原则 ·· 261

    5.5.2 PCB 布线原则 ··· 261

    5.5.3 PCB Layout ·· 262

第1章

原理图设计规范

1.1 概述

你是否有这样的体会,当参加原理图评审或者查看原理图时,会发现原理图的阅读性非常差,原理图的整体版面设计不合理、网络标识不易识别、文本标注不清晰等系列问题。究其原因,是由于没有制订原理图设计规范,在没有设计规范约束的情形下,同一产品的原理图不同工程师设计,会有多种输出结果,每个人都按自己的习惯来绘制,或者是迫于项目进度的要求,在原理图绘制时只考虑功能的实现,导致了原理图在评审的过程中出现了各种各样的问题。

一份规范的原理图对 PCB 的设计、生产资料的生成等方面具有重要指导意义。原理图设计规范的基本要求是原理图设计版面的所有内容规范、清晰、准确,同时还应该遵守一些基本的绘图原则和技巧。

制订原理图设计规范的出发点是为了培养硬件开发人员严谨、务实的工作作风,以及帮助硬件开发人员逐步养成良好的绘图习惯,从而增强硬件开发人员的责任感和使命感,提高工作效率,保证开发成功率和产品质量。

制订原理图设计规范的基本原则是提高原理图的可读性,避免出现不必要的错误,很多时候原理图不仅仅是给自己看的,会用于评审,也会给其他开发人员看和存档,如果可读性差,会带来一系列问题。另外,一份优秀的原理图,还应考虑电路的可测试性、可维修性、BOM 表的格式统一等问题。

只要硬件开发人员能够严格按照原理图设计的规范进行电路设计和自查,每一位硬件开发人员设计出的电路板的成功率就会很高。

1.2 电路的基本概念

电路是各种元器件按照一定方式连接起来实现某种功能的整体,从电路物理量方面来讲,电路就是提供电流流通的路径。电路按其功能分为两类:第一类是进行能量转换的电路,典型的例子有电力电路等,把机械能或热能转化为电能;第二类是实现信号的传递、处理和控制的电路,如我们日常用的电子产品。

根据所处理信号的不同,电路可以分为模拟电路和数字电路。模拟电路是指对模拟信号进行传输、变换、处理、放大、测量和显示的电路,模拟信号是连续变化的电信号,常用的模拟电路有放大电路、信号运算电路、振荡电路、调制解调电路和电源电路等。

数字电路也称为逻辑电路,相对于模拟电路而言,数字电路是指进行数字信号(数字信号用 0 与 1 两个状态表示)处理的电路,数字电路的抗干扰能力较强,一个数字电路系统一般由控制部件和逻辑运算部件组成,在数字时钟的驱动下,控制部件控制运算部件完成所要执行的动作,典型的数字电路有寄存器电路、乘法器电路等。

尽管电路的种类繁多,但任何电路均由三个基础部分组成,分别是电源、负载、中间环节。以图 1.1 所示的锂电池手电筒为例,说明电路三个基础部分的作用。图 1.1 中锂电池是提供电能的部分,称为电路中的电源。灯泡是负载,将电池供给的电能转换为光能。除去电源和负载,其余部分如控制开关、电缆线为中间环节,其作用是进行电能的传输和控制。

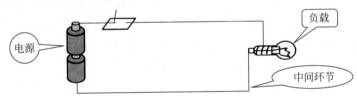

图 1.1 锂电池手电筒电路示意图

1.2.1 电路的主要物理量

电路中最基础的物理量是电流、电压和电功率,电路的分析主要是针对电路中电流、电压和电功率的分析,有时也会涉及能量、磁通量、热力等物理单位。

(1) 电流。

电荷有规律的定向流动就形成电流,电流的大小用电流强度来描述,电流强度是单位时间内通过导体某一横截面的电荷量,用 I 表示。电流 i、电荷 q 和时间 t 的关系如下。

$$i = \frac{\mathrm{d}q}{\mathrm{d}t} \tag{1-1}$$

对式(1-1)两边取积分,可得到从时刻 $t_0 \sim t$ 之间的电荷量。

$$Q = \int_{t_0}^{t} i \, \mathrm{d}t \tag{1-2}$$

电流强度的单位为安培(A),电流数值较小时,以毫安(mA)或者微安(μA)为单位。

关于电流的方向,习惯上定义正电荷移动的方向或者负电荷移动的反方向为电流的方向。对于较为简单的电路,很容易判断出电路的实际方向,而对于较为复杂的电路,电流的方向就不容易判断了。因此,在分析和求解电路时经常引入电流参考方向的概念,电流的参考方向也就是电流的正方向,电流的参考方向可以任意选定。但需注意,参考方向一旦选定,在求解和分析电路的整个过程中就不能再更改了。既然选定了电流的参考方向,那么参考方向与实际方向之间的关系如何呢,如图 1.2 所示。当电流的参考方向与实际方向一致时,电流为正值($I>0$);当电流的参考方向与实际方向相反时,电流为负值($I<0$)。由此可见,在选定的参考方向下根据电流的正负,就可以确定电流的实际方向。

图 1.2 电流实际方向与参考方向之间的关系

关于直流电流和交流电流的区别,交流电的电流方向会随着时间而改变的,通常简称为 AC。而直流电的电流方向并不会随着时间的变化而改变,通常简称为 DC。直流电的电流强度和电压同时随着时间的变化而变化叫做脉动直流电,如果直流电的电流强度或电压随着时间不发生变化,叫做稳恒电流或者恒定电流。

交流电和直流电之间并非存在不可逾越的门槛,交流电经过整流便能输出直流电,再通过滤波便能形成稳恒直流电,而直流电通过逆变便能输出交流电。交流电和直流电各有优点、各有用处,历史上爱迪生和特斯拉就爆发了直流电和交流电之争,最终以特斯拉支持的交流电胜出而结束。人类最先商用的是直流电,随着技术的进步,后面才大规模推广使用交流电。实际上交流电和直流电没有好坏之分,各有各的应用场景和优点。不管是直流电还是交流电,在输送过程中都会存在损耗,主要是热损耗 ,热损耗与导线中电流的大小有关,即 $Q=I^2Rt$。出于成本考虑,电阻很难降低,在电功率($P=UI$)恒定的条件下,通过提高电压便能降低导线中电流的强度,从而减少电流传输过程中的发热损耗,提高输电效率。

(2)电压。

电压也称作电势差或电位差,是衡量单位电荷在静电场中电势不同所产生能量差的物理量,其大小等于单位正电荷受电场力作用从 a 点移动到 b 点所做的功。

$$U_{ab} = \frac{\mathrm{d}W}{\mathrm{d}q} \tag{1-3}$$

其中,W 表示能量,单位是焦耳(J);q 为电荷,单位是库仑(C);电压 U_{ab} 单位是伏特。单位伏特是为纪念发明伏特电池的意大利物理科学家伏特(Alessandro

Antonio Volta,1745—1827)而以他的名字命名的。若是直流电路,公式如下。

$$U_{ab} = \frac{W}{Q} \tag{1-4}$$

在电子电路的调试和检测过程中,经常要测量各点的电压。测量时要选定某点的电位为零,该点可称为零电位参考点。电路中其余各点的电位在数值上等于电场力将单位正电荷从所求点移到参考点所做的功。在分析电路的时候,电位与电压没有实质性区别,电路中任意一点的电位,就是该点与参考点之间的电压,电路中任意两点之间的电压等于这两点之间的电位差。

关于电压的方向,电压的实际方向规定为从高电位点指向低电位点。在分析电路时,可以任意选取电压的参考方向,电压的参考方向可以用箭头或极性"+""−"表示,如图1.3所示。当电压的参考方向与实际方向一致时,电压为正电压;当电压的参考方向与实际方向相反时,电压为负值。

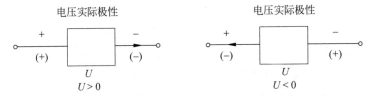

图 1.3 电压实际方向与参考方向的关系

电流和电压是电路中最基本的两个变量,其他变量都是由电流和电压延伸出来的,如功率、能量、电磁场等。电流总是流经某个元件,而电压总是跨接在某个元件两端或者两个信号点之间。

(3)电功率。

电流在单位时间内做的功叫做电功率,电功率是用来表示消耗电能的快慢的物理量,用 P 表示,它的单位是瓦特(Watt),简称"瓦",符号是 W。

$$P = \frac{dW}{dt} = \frac{dW}{dq} \cdot \frac{dq}{dt} = ui \tag{1-5}$$

式(1-5)中,P 为功率,W 为能量,单位是焦耳(J);t 为时间,单位是秒(s)。

在电路中,负载消耗的功率是由电源提供的,负载消耗的功率和电源产生的功率相等,电路中遵守功率平衡原理和能量守恒定律,任何时刻提供给电路的总功率与吸收的总功率平衡。

$$\sum P = 0 \tag{1-6}$$

从 t_0 时刻到 t 时刻电路所吸收和发出的能量守恒。

$$W = \int_{t_0}^{t} P \, dt = \int_{t_0}^{t} ui \, dt \tag{1-7}$$

功和功率的区别:从物理意义上来讲,功是一种标量,同时功也是有正负之分的,当力做的功使得物体的机械能和电能得到增加时,力做的功就是正功。同样地,当力做的功使得物体的机械能和电能减少时,就是负功。功的正负是对力所做功的效果的一种表示,它反映的是做功与能量变化之间的关系。功率是单位时间内所做的功的大小,它所反映的是电路做功速度的快慢,功率等于功与时间的比,即 $P = W/t$。

有功功率和无功功率的区别。有功功率又叫平均功率,是保持电路正常运行所需的电功率,也就是将电能转换为其他形式能量(机械能、光能、视频、音频)的电功率。比如电动机把电能转换为机械能等。无功功率比较抽象,它是用于电路内电场与磁场的交换,并用来在电气设备中建立和维持磁场的电功率。它不对外作功,而是转变为其他形式的能量。比如 20W 的灯管,除了需要 20W 的有功功率用来发光,还需要 2W 左右的无功功率供镇流器的线圈建立交变磁场用,这部分不对外做功,称为无功功率。

无功功率不是无用功率,其作用是建立和维持电路运行。在正常情况下,电路不但要从电源取得有功功率,还需要从电源取得无功功率。如果电路中的无功功率供给出现了问题,电路就没有足够的无功功率来建立正常的电磁场,电压就会下降导致电路不能维持其正常工作。

1.2.2　电路元件

元件是电路的基本组成部分,电路是由各种不同的元件相互连接所构成的总体,电路设计就是将不同的元件合理连接起来,以达到我们所设计的功能,电路元件分析是确定元件两端的电压、流过的电流和电磁的性能。组成电路的元件多种多样,电路中元件的电磁性能、电压信号、电流信号相互交织在一起。

为了便于理解和分析电路元件,可以用电路模型方式来分析,电路模型由理想元件组成,并用统一规定的符号表示,电路模型是由实际电路抽象而成,它近似地反映实际电路的电气特性,电路模型中的元件均被认为是理想元件。用理想电路元件建立的电路模型使电路的分析大大简化,分析时只考虑其中起主要作用的某些电磁现象或者信号特性,将次要的因素忽略。如电路中的肖特基二极管,在电流的作用下,二极管除了具有单向导电特性,还会产生一定的电压降,由于产生的电压降较小,分析时可以只考虑肖特基二极管单向特性而忽略其电压降。另外,同一电路在不同条件下往往要求用不同的电路模型来表示,例如电路中的线圈在直流时,其直流电阻非常小,电阻值在几十 mΩ。但线圈在交流或者高频电路中,有较大的交流阻抗,对信号幅值有非常大的衰减,因此建立电路模型一般应指明它们的工作条件。下图是电感在直流信号和交流信号下的电路模型,图 1.4 是电感直流信号电路模型,图 1.5 是电感交流信号电路模型。

电子元器件通常分为无源器件(被动元器件)和有源器件(主动元器件)两大类。如果电子元器件工作时,其内部没有任何形式的电源,即元器件没有电源引脚,则这种器件叫做无源器件。从电路性质上看,无源器件有两个基本特点:

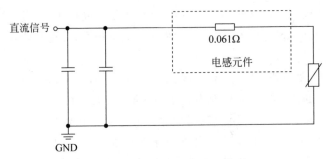

图 1.4　电感直流信号电路模型

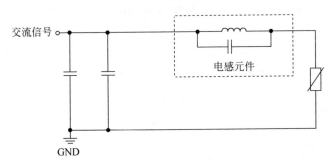

图 1.5　电感交流信号电路模型

（1）自身消耗电能，或把电能转变为不同形式的其他能量。

（2）只需输入信号，不需要外加电源就能正常工作。

如果电子元器件工作时，其内部有电源存在，即需要电源供电，则这种器件叫做有源器件。从电路性质上看，有源器件有两个基本特点。

（1）自身消耗电能。

（2）除了输入信号外，还必须要有外加电源才可以正常工作。

无源器件按照其担当的电路功能可分为电路类器件、连接类器件。电路类器件有电阻器、电容器、二极管、电感、变压器、继电器、蜂鸣器、喇叭、开关等；连接类器件有接插件、插座、连接电缆、印制电路板等。

有源器件是电子电路的主要元器件，从电路功能上划分，有源器件可分为分立器件和集成电路两大类。分立器件有双极型晶体三极管、场效应晶体管、晶闸管等。集成电路又分为模拟集成电路和数字集成电路，常用的模拟集成电路包括集成运算放大器、比较器、模拟开关、电源芯片、功率放大器等，常用的数字集成电路包括逻辑门、可编程逻辑器件、数字接口芯片、微处理器、DSP芯片等。

1.2.3　节点、支路与回路

电路原理图中各元件用不同的方式进行连接，有必要弄清楚关于电路原理图连接的一些基本概念，电路原理图连接的基本概念有节点、支路和回路。节点是指两条或多条网络的连接点，原理图的节点通常用圆点来表示。支路表示电路网络中的单个元件,支路是相对干路而言的,干路是一个电路中的主要路径,支路是连接干路的部分电路。图 1.6 中,包含了 a、b、c 三个节点和 6 个支路,任意一个二端元件为支路。

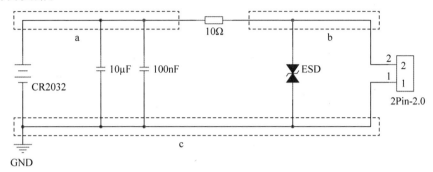

图 1.6 电池电路

回路是指电路中的任一闭合的路径,每个回路必须是闭合的才能有效。简单地说,一个回路即一个接通的电路,一个回路中的电流从正极出发经过整个电路回到负极从而形成闭环。

关于电路中的串联和并联。串联是将电路元件(如电阻、电容、电感等)逐个顺次首尾相连接,串联电路中流过各元件的电流都相等,串联电路的特性有如下几点。

(1) 电流只有一条通路,各元器件之间相互影响。

(2) 串联电路电流处处相等,$I=I_1=I_2=I_3=\cdots=I_n$。

(3) 串联电路总电压等于各处电压之和,$U=U_1+U_2+U_3+\cdots+U_n$。

(4) 电路的等效电阻等于各电阻之和,$R=R_1+R_2+R_3+\cdots+R_n$。

(5) 电路的总功率等于各功率之和,$P=P_1+P_2+P_3+\cdots+P_n$。

(6) 电路等效电容值的倒数等于各个元件的电容值的倒数之和,$\dfrac{1}{C}=\dfrac{1}{C_1}+\dfrac{1}{C_2}+\cdots+\dfrac{1}{C_n}$。

(7) 除电流处处相等以外,其余各物理量之间均成正比,串联电路也称为分压电路。

(8) 电路中只要有某一处断开,整个电路就成为断路,即所有串联的电子元件都不能正常工作。

并联电路是将两个或两个以上同类或不同类的元件首首相接和尾尾相连的一种连接方式,它们的两端是同一电压。电阻并联时,并联电路中的总电阻的倒数等于各支路电阻的倒数和。电感并联时,并联电路中的总电感的倒数等于各支路电感的倒数和。电路设计时要尽量避免电感并联,并联电感产生的磁场会与其邻近电感的磁场发生耦合,导致电感互相影响。电容并联时,并联电路中的总电容值等于各支路电容值之和,在实际电路中,经常会把不同容值的电容并联使用,如用容值大的电容做滤波和储能,用容值小的电容滤掉高频干扰。

1.3　原理图设计规范基本原则

硬件原理图设计应该遵守一些基本原则,这些基本原则要贯彻到整个设计过程,也要随时根据这些原则来检查我们的原理图,这些原则包括如下几方面。

① 电路的优化设计,尽量选用成熟电路或者集成度较高的芯片来进行电路设计,满足电路性能要求的前提下尽可能使电路简化并减少元器件,降低电路的复杂程度。电路复杂程度越高,该电路失效可能性越大。

② 各功能块布局要合理,整份原理图需布局均衡,避免有些地方很挤,而有些地方又很松,与 PCB 设计同样的道理。

③ 可调元件(如电位器)、切换开关、LED 指示灯、选配器件的标识要清晰,原理图上对这些元器件要进行功能的说明。

④ 重要的控制线或信号线需标明电流流向和信号幅值,同时也要适当描述该信号的软件控制方式,软件的控制方式包括初始化控制模式、正常工作控制模式和待机时候的控制模式。

⑤ 元器件的参数标识准确、清晰,特别需留意功率电阻、功率电感、高压电容等器件,大功率器件需标明功率值,耐高压的滤波电容需标明耐压值。

⑥ 保证系统各模块资源不能冲突,例如 SPI 总线同时挂几个外围设备时,每个设备要用片选信号进行控制,以保证同一时刻只有一个设备有效。

⑦ 仔细阅读所有芯片的数据手册,确定未被使用的输入引脚是否需要做处理,如果需要一定要做相应处理,否则可能引起芯片内部振荡和发热,导致芯片发生较为严重的故障。

⑧ 在不增加硬件设计难度的情况下,尽量保证软件开发方便,或者以较小的硬件设计难度来换取更方便、可靠、高效的软件设计。在进行原理图设计时,硬件设计人员需要与底层软件开发人员进行充分沟通,找到最佳的控制方式。

⑨ PCB 板散热问题考虑,在原理图设计时需要考虑 PCB 板的散热问题,在功耗和发热较大的芯片上增加散热片或风扇,原理图上对发热较大的元器件要给出说明。

1.4　确定需求

详细理解电路设计需求,从需求中整理出电路功能模块和性能指标等要求,这些要求有助于我们进行器件选型和原理图的设计。

(1)确定核心 CPU。

根据产品功能和性能需求制定硬件总体设计方案,对 CPU 进行选型,CPU 选型应满足性价比高、可扩展性好、生命周期长,以及软件容易开发等特点。

(2) 参考成功案例。

针对已经选定的 CPU 芯片,如果是第一次使用,要选择一个与我们需求比较接近的成功参考设计,一般 CPU 生产商或他们的合作方都会对每款 CPU 芯片做若干开发板,并进行验证,厂家公开给用户提供的参考设计图虽说不是产品级的东西,也应该是经过严格验证的,否则会影响到产品的市场推广,其参考设计中的 CPU 引脚连接方法和参考原理图值得信赖。但如果出现多个参考设计中某些引脚连接方式不同,可以细读 CPU 芯片手册和勘误表来确认。在设计之前,最好是让芯片厂家提供一块电路板进行软件验证,如果软件验证没问题,那么硬件参考设计基本不会有太大问题。另外要注意 CPU 的启动模式,CPU 一般都有若干种启动模式,我们要选一种最适合的启动模式,或者做成兼容设计。

(3) 外围器件的选型。

根据需求对外设功能模块进行元器件选型,外围元器件选型应该遵守以下原则,如表 1.1 所示。

表 1.1　外围器件选型原则

原　则	描　述
普遍性原则	所选的元器件要被广泛验证过,尽量少使用冷门元器件,减少设计风险
高性价比原则	在功能、性能、使用率都相近的情况下,尽量选择价格比较实惠的元器件,降低成本
采购方便原则	尽量选择容易买到、供货周期短的元器件
持续发展原则	尽量选购在可预见的时间内不会停产的元器件
可替代性原则	尽量选择 pin to pin 兼容种类比较多的元器件
向上兼容原则	尽量选择以前老产品用过的元器件
资源节约原则	尽量用上元器件的全部功能和引脚,避免选择功能强大的元器件,却只使用了其部分功能

(4) 外围电路设计。

在选定了 CPU 之后,开始进行外围电路设计,外围电路设计重点是如何合理和分配 CPU 的资源,以及如何使用分立元件进行信号的滤波、匹配等。

① 电阻的使用。

电阻最常用的作用是限流,对于 CPU 外围电路来说,在很多时候需在单片机的 I/O 端口上连接一个限流电阻,保证外围电路不会由于短路、过载等原因烧坏 CPU 的 I/O 端口。在选择电阻阻值时,要清楚地知道 CPU 的 I/O 端口最大输入电流、最大输出电流和端口能承受的最大电压,然后根据参数进行计算,在计算时要预留一定的空间。

电阻的另一主要应用是上拉和下拉电阻,上拉就是将不确定的信号通过一个电阻钳位在高电平。下拉同理,是将不确定的信号通过一个电阻钳位在低电平。为了增强 CPU 输出引脚的驱动能力,在容许的情况下 CPU 引脚上可多使用上拉电阻,上拉电阻在增强端口驱动能力的同时,也可以提高端口输入信号的噪声容限,增强抗干扰能力。

② 电容的使用。

电容器的基本作用就是充电与放电,由这种基本充放电功能可延伸出许多电路,电容广泛应用于隔直、耦合、旁路、滤波、能量转换、控制电路等方面,表 1.2 是常用电容在电路中的作用。

表 1.2　电容在电路中的作用

电容的作用	描　述
耦合电容	耦合电容是将交流信号从前一级传到下一级,起到隔直流通交流作用,如强电和弱电两个系统通过电容器耦合,可提供高频信号通路。但要注意电路中使用电容耦合时,信号的相位要延迟一些,通常情况下,小信号传输时用电容作为耦合元件,大信号或者强信号传输时变压器作为耦合元件
滤波电容	用在滤波电路中的电容称为滤波电容,在电源滤波和各种信号滤波电路中,经常使用滤波电容,滤波电容可将一定频段内的信号从总信号中去除
退耦电容	用在退耦电路中的电容器称为退耦电容,在芯片的电源引脚上经常使用,退耦电容可消除来自芯片的低频干扰
谐振电容	用在 LC 谐振电路中的电容器称为谐振电容,LC 并联和串联谐振电路中都需这种电容电路
高频消振电容	用在高频消振电路中的电容称为高频消振电容,在音频负反馈放大器中,为了消振可能出现的高频自激,经常采用这种电容电路,以消除放大器可能出现的高频啸叫
旁路电容	电路中如果需要从信号中去掉某一频段的信号,可以使用旁路电容电路,根据所去掉信号频率的不同,有全频域(所有交流信号)旁路电容电路和高频旁路电容电路
定时电容	用在定时电路中的电容器称为定时电容,电容起控制时间常数大小的作用
微分电容	在触发器电路中为了得到尖顶触发信号,经常采用微分电容电路,以从各类矩形脉冲信号中得到尖顶脉冲触发信号
积分电容	积分电容通常用来进行波形变换,或者用于峰值检波器电路中。积分电路由 R 和 C 构成,电容两端的电压不能突变,按指数规律上升,电容两端的电压与电容的充电电流积分成正比
补偿电容	用在补偿电路中的电容器称为补偿电容,音频电路中经常用到,低音补偿电路中使用低频补偿电容电路可提升音频中的低频信号
自举电容	用在自举电路中的电容器称为自举电容,如 OTL 功率放大器输出级电路采用这种自举电容电路,可通过正反馈的方式提升信号的正半周幅度
分频电容	在扬声器分频电路中,使用分频电容电路,使高频扬声器工作在高频段,中频扬声器工作在中频段,低频扬声器工作在低频段
负载电容	负载电容与石英晶体谐振器一起决定负载谐振频率的有效外接电容,负载电容常用的标准值有 16pF、20pF、30pF、50pF。负载电容可以根据具体情况做调整,通过调整将谐振器的工作频率调到标称值
反馈电容	反馈电容接在放大器的输入与输出端之间,使输出信号回传到输入端的电容

续表

电容的作用	描　述
软启动电容	软启动电容一般接在开关电源开关管的基极上,防止在开启电源时,过大的浪涌电流或过高的峰值电压加到开关管基极上,导致开关管损坏
降压限流电容	降压限流电容串联在交流回路中,利用电容对交流电的容抗特性,对交流电进行限流,从而构成分压电路

③ 电感的使用。

电感作为一种能够改变电流的元件,在数字电路中应用相对比较少,经常应用在与电源相关的电路中。当电感有电流流过时,在线圈中形成磁场感应,感应磁场又会产生感应电流来抵制通过线圈中的电流,这种电流与线圈的相互作用关系是电感。

电感最常见的电路就是与电容一起组成 LC 滤波电路。电容具有隔直流、通交流的特性,而电感则有通直流、隔交流的功能。电路中伴有许多干扰信号的直流电通过 LC 滤波电路后,交流干扰信号将被电容吸收变成热能消耗,变得比较纯净的直流电流再经由电感时,其中的交流干扰信号也被电感吸收变成磁感和热能,这样就有效抑制了高频率的干扰信号。

关于电感和磁珠的区别,电感多用于电源滤波回路,磁珠多用于信号回路;电感侧重于抑制传导性干扰,磁珠侧重于抑制电磁辐射干扰。两者都可用于处理 EMC、EMI 问题。磁珠主要是用来吸收超高频信号,在 RF 电路、PLL 电路、振荡电路中都需要在电源输入部分加磁珠。而电感是一种蓄能元件,用在 LC 振荡电路、中低频的滤波电路中,其应用频率范围很少超过 50MHz。

(5) 原理图审核。

原理图设计完成之后,设计人员应该按照原理图设计规范和原理图设计审查表进行自审,自审后要达到合格率 95% 以上,然后再提交他人审核。其他审核人员同样按照原理图设计规范、原理图设计审查表并结合自身的设计经验进行严格审查,如发现问题要及时进行讨论。

① 设计人员应该保证原理图的正确性和可靠性,要做到设计即是审核,不要把希望寄托在审核人员身上,评审是锦上添花不是雪中送炭,设计出现的任何问题应由设计人员自己承担,其他审核人员不负连带责任。

② 审核人员虽然不承担连带责任,也应该按照相关规范进行严格审查,一旦设计出现问题,同样反映了审核人员的能力和态度存在问题,对参与评审人员提出的意见要进行考评,通过制订相关体系流程,鼓励评审人员提出更多有价值的评审建议。

③ 原理图封板最基础的标准是电路板没有任何原理性飞线和其他处理点,每张原理图的图幅、图框符合标准要求,并标明对应图纸的功能、文件名、日期、版本号等信息。

1.5　原理图构成

一份完整的原理图由封面、方框图、图纸、版本升级记录 4 个部分组成,各部分的内容说明如下。

（1）封面。

原理图的封面重点描述各张图纸的功能,对功能的描述要完整和简明,此外还需要产品名称、版本等方面的信息。

① 图纸名称,原理图所属的产品名称等信息。

② 每页图纸功能说明,对每页图纸的电路功能进行简要说明。

③ 原理图版本变更记录,对原理图的版本变更进行较为详细地说明,同时需要说明该原理图对应 PCB 的版本号。

④ 图纸声明,可以对图纸的内容进行保密的声明。

示例如图 1.7 所示。

1.图纸名称,主板原理图（V72台式打印终端）。		
2.Page1,CPU及核心外围电路。	原理图版本	PCB版本
3.Page2,存储器电路。	V72-MAIN-SCH-V1.0	V72-MAIN-PCB-V2.0
4.Page3,电源电路。	V72-MAIN-SCH-V1.1	V72-MAIN-PCB-V2.2
5.Page4,通信接口电路。	V72-MAIN-SCH-V1.2	V72-MAIN-PCB-V2.3
6.Page5,音频电路。		
7.Page6,音频电路。		

图 1.7　原理图封面内容

（2）方框图。

方框图的作用是说明原理图由多少个功能模块组成,以及各功能模块之间的连接关系,方框图需包含如下几方面内容。

① 简单的功能模块示意图。

② 用连接线和文字描述模块之间的主要连接关系。

③ 各个功能模块之间的通信接口。

④ 电源部分方框图。

原理图方框图如图 1.8 所示。

（3）图纸。

原理图的图纸是电路实现的具体方案,图纸的绘制应尽量美观,相关的元件尽量放在一张图上,能连线的尽量连线,如果需要交叉才能连接到网络或者是在不同页的网络需要用网络名称相连,图纸页面应包括如下内容。

① 从元件库提取的元器件,在原理图上需要显示出来的信息至少包括元器件的 Value、PartReference。

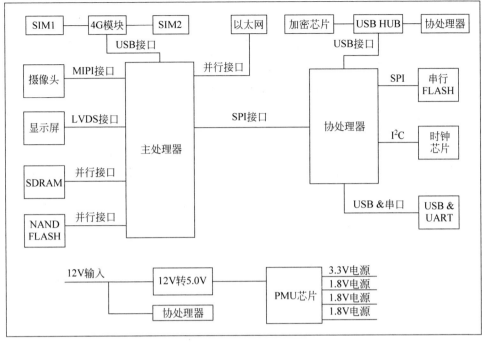

图 1.8 原理图方框图

② 网络名,网络名即网络节点的名称。

③ 信号线之间连接的节点。

④ PCB Layout 特殊要求说明。

(4) 版本升级记录。

版本升级记录包括从初始版本以后的所有版本升级记录,放在原理图的末尾部分,用单独的一页来说明版本升级内容,示例如图 1.9 所示。

版本升级记录	
版本	**升级说明**
V1.0	初始版本
V1.1	工程样机版本,修改了电源电路和显示屏口电路。电源电路的修改,电感L10感值由4.7μH改成5.6μH,增加滤波电容C50、C51,修改的作用是降低3.3V的纹波电压。显示屏接口电路的修改,MIPI线上增加共模电感,I^2C总线增加滤波电路,修改的作用是降低显示屏接口的电磁辐射。
V2.0	量产版本,解决工程样机版本测试过程中的问题,修改了晶振电路和SPI接口电路。晶振电路的修改,电阻R24阻值由100Ω改成200Ω,电容C33容值由10pF改成15pF,修改的目的改善晶振的波形。SPI接口电路的修改,修改SPI2_CLK、SPI_2MISO、SPI_2MOSI上的串联电阻。

图 1.9 原理图版本升级记录

1.6 原理图版面设计

原理图版面整体风格应遵守结构简单、层次分明的原则,图幅、图框设置合理、元器件封装清晰。原理图中元器件的封装要有利于指导 PCB layout,元器件的封装并不按照元器件的实际尺寸来绘制,也不反映元器件的实际大小,但要能指导 PCB layout,如元器件非功能的固定引脚要与功能引脚进行适当区分。

(1)图幅图框,常用图幅为 A4、A3。图幅大小应能满足电路元器件放置的需要,若标准的图幅规格不能满足要求,则可以自定义图幅大小,自定义图幅在满足要求的前提下尽量做到长宽比例适中。

(2)栅格设置,栅格设置为整数倍元器件引脚间距,采用非标准设置的栅格可能会导致其他人员重用原理图时无法对齐。如果出现原理图库中的元件处于 0.5栅格上,应设置成整数值。

(3)元器件标识清晰,元器件位号、引脚网络名、元器件参数和元器件引脚不允许重叠。一般情况下位号、参数遵守上下放置的原则,如果上下不好放置,则遵守左右放置的原则,如图 1.10 所示。

(4)元器件布局和放置,原理图的元器件布局和放置没有严格的要求,不像PCB 的元器件布局和放置会影响到电路的性能,可以按如下几种方法来布局。

① 功能布局法,在原理图绘制时,优先考虑功能布局法,功能相关或者相同的单元电路应该靠近绘制。并且各个功能组之间应该留有一定的分隔区间,以便看图时非常容易识别出不同的电路功能单元,以及放置电路注释说明,如图 1.11所示。

② 对称布局法,对于同等关系的电路或者功能相同的单元电路应该采用对称布局法,这样有利于电路原理的分析,以及器件布局的美观,如图 1.12 所示。

③ 按信号流向布局,对于电源电路、信号的输入电路、信号的输出端口,应该按照信号的流向来绘制原理图。输入电路在页面的左端,控制电路在页面的中间,输出电路在页面的右端,均匀排布,如图 1.13 所示。

(5)电路中的文字注释,绘制原理图时为了让设计意图表达的更准确,往往需要添加额外的文字描述,文字描述靠近其电路位置放置。对于特殊功能的选配单元电路,可以用表格的形式把各种选配功能列举出来。

(6)器件放置,器件的放置一般采用垂直或水平的方式放置,不允许将器件放置成不规则的方向。器件与器件间距均匀合理,同等性质的器件应整齐摆放,器件引脚左右对齐或者上下对齐。

(7)整体布局,原理图界面整体布局需注意器件排布的合理性,由上到下或从左到右布局。不同功能模块之间适当拉开距离,界面整体布局均衡,避免有些地方很挤,而有些地方又很松。图 1.14 为合理的页面布局,图 1.15 为不合理的页面布局。

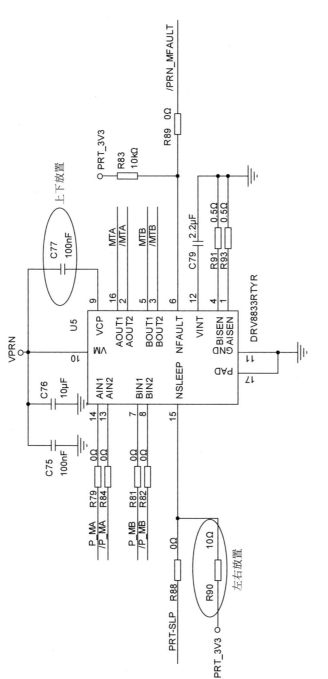

图1.10 器件标识放置

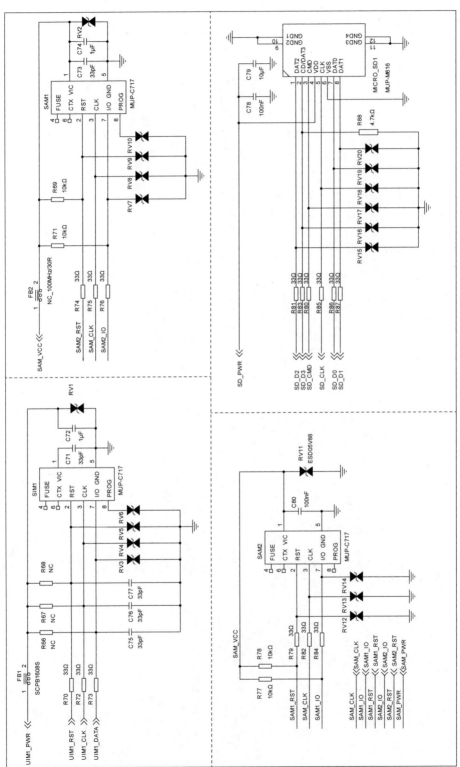

图 1.11 按电路功能布局

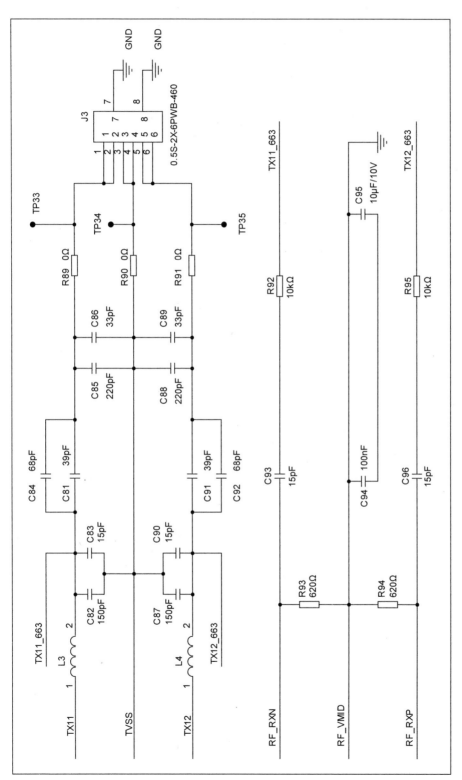

图 1.12　电路对称布局

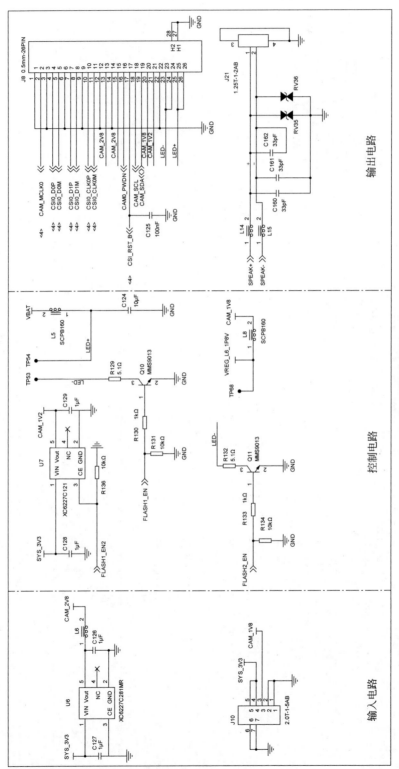

图 1.13 电路按电流流向布局

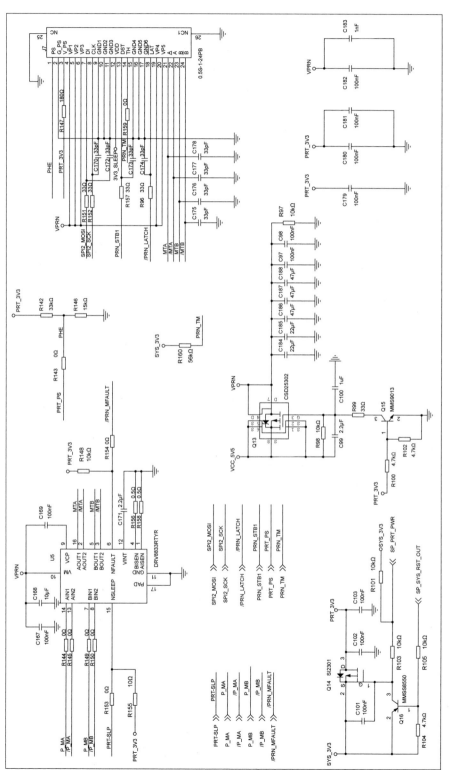

图1.14　合理的页面布局

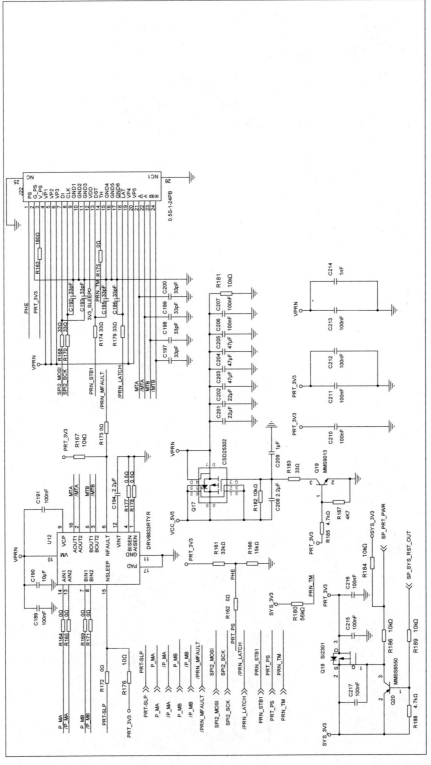

图1.15 不合理的页面布局

1.7　元器件管理

元器件管理包括建立元器件信息库、元器件采购管理、元器件验收管理、元器件信息管理等。元器件管理的目标是保证元器件质量可靠性，通过对元器件的管理和了解元器件常见的问题，并针对问题采取对应措施，减少电子元器件产生故障的可能性，保障原理图设计的有效进行。

（1）元器件有效论证。

在原理图设计前期，结合整机的设计要求和应用环境，分析所需电子元器件的特性，以及预判元器件出现故障的概率，对整机性能和将要使用的电子元器件有一个充分的了解。进而通过有效的论证，确定元器件的构成体系和需求原则。

（2）元器件信息库。

元器件信息库为电子元器件的选用和管理提供全面、准确和动态的信息，元器件信息库是硬件设计人员、采购人员、元器件维修人员选择所需元器件的重要依据。元器件信息库中的每个元器件应包括元器件标注、库存信息、订货信息等内容，如表1.3所示。

表1.3　元器件信息表

信　息	描　述
元器件标注	元器件标注包括元器件名称、元器件型号和元器件编号等信息
技术资料	可以从资料库中调取器件的数据手册
替代信息	可替代元器件的使用说明，说明该元器件在哪些电路中可以被替代，在哪些电路中不可替代
订货信息	订货信息包括元器件价格信息、最小订购数量、订货周期等，如果是面临停产的元器件，还需要有订货风险提示信息
库存信息	由物料管理员实时监控
封装信息	可以从封装库中调取相应的封装焊盘信息
焊接要求	对元器件的焊接要求进行简单的说明
其他信息	其他信息包括元器件维修记录、元器件特殊使用注意事项等信息

元器件信息库应由专人进行管理，实时增加新信息。把新增加的元器件信息及时提供给设计人员和采购人员，各方达成共识形成工作标准，元器件选用和采购均按库中提供的信息进行。同时，为减少人为因素造成的错误，需要用专业的工具来管理，元器件信息库的管理方法可参考如下几点。

① 严格准入制度，元器件必须经过严格的测试和全面评估，同时对元器件供应商也应经过全面评估。

② 先进产品替代落后产品原则，元器件信息库要定期更新，添加工艺更先进的元器件，及时淘汰生命周期已经很短或已接近停产的元器件。

③ 建立元器件评分系统，对元器件性能水平、可靠性指标、生产直通率和使用

历史记录进行综合评分。

④ 制定了元器件选用、保留和删除的相关标准和原则,作为元器件审核、检查和信息录入时的评判依据。这些原则应包括元器件程应用情况、试验情况、订货周期等。

⑤ 严格把控元器件的"进口关",在元器件采购上,严格按照采购合同、标准、规范等进行,加强对采购人员的财务审计,严禁出现人情采购等现象。在供应商的选择上,坚持理性原则,以符合产品设计要求为基础,同时关注供应商的企业规模,规模大的企业是经过了长时间累积,逐渐成长壮大起来的,选择规模大的企业,元器件在品质方面有较好的保证。

1.8 元器件符号

元器件符号按标准来定义,以便形成统一的规范,方便在原理图上查找元器件,常用元器件种类和符号如表 1.4 所示。下面以电阻、电容和电感的参数描述并举例说明。

表 1.4 常用元器件种类和符号

器 件 种 类	代表字符	器 件 种 类	代表字符
电阻	R	接插件	JP
可调电阻	RP	排针	J
排阻	RN	跳线	JP
电容	C	开关	SW
电感	L	蜂鸣器	B
磁珠	FB	熔丝	FUSE
排阻	RP	整流桥	DW
变压器	T	按键	KEY
二极管	D	开关	SW
发光二极管	LED	晶振	X
三极管(包括 MOS 管)	Q	电池座(包括电池)	BT
集成电路	U	测试点	TP
继电器	CON		

(1) 电阻的参数描述。

电阻在原理图中的符号表示如图 1.16 所示,普通电阻用 R 表示,可调电阻用 RP 表示,排阻用 RN 表示。电阻的参数一般包括四部分,分别是阻值、精度、封装、功率,如 $100\Omega/1\%/0805/0.25W$,表示该电阻的阻值为 100Ω、精度为 $\pm1\%$、封装为 0805、功率为 $0.25W$。

关于原理图中电阻阻值的描述(仅限于 OrCAD 的原理图绘制),小于 1Ω 的电阻一般用 Ω 表示,$1\Omega\sim1k\Omega$ 之间的电阻用 R 表示,$1k\Omega\sim1M\Omega$ 之间的电阻用 K 表示,$1M\Omega$ 以上的电阻用 M 表示,如表 1.5 所示。

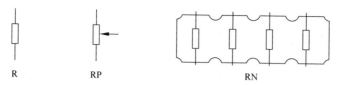

图 1.16 电阻的符号

表 1.5 电阻值描述

阻 值 范 围	符 号	举 例
电阻<1Ω	Ω	0.5Ω,0.75Ω
1Ω<电阻<1kΩ	XXR	100R,470R
1kΩ<电阻<1MΩ	XXK	200K,330K
电阻≥1MΩ	XXM	1.5M,5.1M

（2）电容的参数描述。

电容在原理图中的符号如图 1.17 所示,图 1.17(a)表示无极性电容,图 1.17(b)表示有极性电容。电容的参数一般包括四部分,分别是容值、耐压值、精度、封装,如5pF/50V/10%/0603 表示该电容的容值为 5pF、标称耐压值 50V、精度为±10%、封装为 0603。

(a) 无极性电容   (b) 有极性电容

图 1.17 电容的符号

关于原理图中电容容值的描述,电容容量的标示方法有直接标示法及数字标示法两种。一般容值较大的电容采用直接标示法,即直接标注电容的容值,而对于容值较小的瓷片电容、独石电容、钽电容采用三位数字来表示其容量。前两位数字为该电容标称值的有效数值,第三位表示有效数值后面加零的个数。如 104 电容,"10"为有效数值,第三位"4"表示"10"后面加 4 个零,即 100000pF,用三位数字表示电容量时,其单位为 pF。电容容值描述如表 1.6 所示。

表 1.6 电容值描述

容 值 范 围	符 号	举 例
<1000pF	XXpF	33pF,470pF
1000pF<电容<1μF	XXX	104,表示 100000pF 电容 225,表示 2200000pF 电容
有极性电容	对于有极性电容,使用小数标注,以 μF 结尾	2.2μF,4.7μF
≥10μF	只包含整数,以 μF 结尾	10μF,220μF

（3）电感的参数描述。

电感在原理图中的符号如图 1.18 所示,左侧的图表示空心电感,右侧的图表示磁芯电感。电感的参数一般包括电感量、精度、标称电流、Q 值、分布电容,如 $10\mu H/\pm5\%/500mA/80/3pF$,表示该电感值为 $10\mu H$、精度为 $\pm5\%$、标称电流为 $500mA$、Q 值为 80、分布电容为 3pF。

(a) 空心电感　　　　　　　　　(b) 磁芯电感

图 1.18　电感的符号

关于原理图中电感感值的描述,电感量的基本单位是亨(H),小于 $1\mu H$ 的电感用小数点位数来表示,电感感值描述如表 1.7 所示。

表 1.7　电感感值描述

感 值 范 围	描　　述	举　　例
$<1\mu H$	使用小数标注	$0.15\mu H$
$1\mu H<$ 电感 $<1000\mu H$	整数标注或包含小数标注	$4.7\mu H$
$\geqslant1mH$	按实际值标注	$5mH$

1.9　网络标号命名

规范网络标号的命名,原理图中网络标号命名要对其功能有一定的启示作用。命名统一使用英文大写,命名要从字面上能了解该网络的意义或功能,尽量与芯片的引脚命名相近。低电平有效时在前面加小写 n,如 nCS。使用两个以上单词时,中间使用下画线分开,如 SDRAM_nCS。一份原理图,要求网络名是唯一对应的,同一网络使用相同的网络名。

(1) 电源网络的命名,电压值 10V 以上命名,直接标明电压值,如 12V、36V 等,数字在字母 V 前。10V 以下电源命名,可把字母 V 放在前面或者中间,如 V33 或者 3V3 表示 3.3V 电压、V18 或者 1V8 表示 1.8V 电压、V09 或者 0V9 表示 0.9V 电压。

① 电源种类标识,模拟电源用 A 表示,数字电源用 D 表示,正电源用 P 表示,负电源用 N 表示。模拟地用 AGND 表示,常规地用 GND 表示,信号地用 SGND 表示。

② 独立电源应该包含独立电源的标志字符,用下画线连接起来。示例,485 通信接口的 12V 电源可以用 12V_485 表示,USB 模块 5V 电源可以用 5V0_USB 表示,蓝牙模块 3.3V 电源可以用 3V3_BT 表示。

③ 外部输入的电源或电池电压,由于其电压值不确定,可用近似英文描述来表示,如外部锂电池输入用 VBAT 表示,外部适配器电压输入用 VIN 表示等。

④ 关于电源符号的方向,一般情况电源向上、地向下,便于读者理解,如图 1.19 所示。

图 1.19　电源符号

(2) 时钟信号的网络标号命名,为了方便 EMC 问题的查找和对 PCB 布线进行约束,时钟信号网络标号建议用 CLK 后缀标识。如果时钟频率是固定的且时钟频率较高,可增加具体的频率值,以提醒 PCB 设计人员和测试人员。

(3) 其他信号线网络标号命名原则,差分信号建议使用"+、-"来标识,将"+、-"符号放在网络标号的最后,如 USB 的差分数据信号分别用 USB_D+、USB_D-标识。总线网络命名规则,以总线类型开头,后接使用对象,如 DATA_CPU_SDRAM、PCIE_CPU_FPGA。指示灯网络信号命名规则,以 LED 开头,增加功能说明,如 LED_RUN、LED _ALARM。

1.10　原理图绘制步骤与方法

在绘制原理图之前,首先要进行整体的构思,初步确定原理图由多少页组成,按功能模块来绘制,原理图绘制的基本步骤如下。

(1) 新建文件夹和新建项目,在指定的文件夹下建立一个新的设计数据库文件和原理图文件,并启动原理图编辑器。

(2) 设置原理图编辑器参数,根据图纸规范要求设置原理图图纸的幅面大小,其他的信息也做一些设置,如项目名称、设计人员的姓名和绘图日期等。

(3) 放置元器件和调整元器件,从元件库中选定所需的元器件,逐一放置在页面上,再根据清晰、美观、易读的设计要求,调整元器件位置,为下一步的连线做准备。

(4) 原理图连线和网络标号,将事先放置好的元器件用具有电气意义的导线连接起来,并进行网络标号,使各元器件之间满足电气连接关系。

(5) 设置元器件属性,对各个元器件的位号进行设置,也可以使用自动设置位号的功能。

(6) 添加文本注释,对关键的电路图做一些相应的说明,说明该电路的 PCB layout 注意事项或软件控制注意事项。

(7) 编译和修改,初步绘制完成的原理图难免存在错误,要对初步绘制完成的电路原理图进行编译检查,根据编译后的提示信息对原理图进行修改,直到编译通过。

(8) 输出目标文档,输出网络表、BOM 等文件,网络表用于 PCB layout。

1.10.1 总线式画法

当一组网络有相同的特性时,需考虑用总线式画法,总线的画法由三个部分组成,分别是总线、总线出入口、出入口标号。其中总线和总线出入口并没有实际的电气连接意义,真正具有电气连接意义的是出入口标号,总线的出入口标号也是网络标号,具有相同名称的标号视为同一个网络。在放置出入口标号时,先设置网络标号属性名称,以数字开头或者以数字结束,这样在放置网络标号过程中会自动增加网络标号的数值。图 1.20 是总线式画法的示例图,总线式的原理图画法有如下几方面的好处。

(1) 总线式画法易读、便于查找,同时也降低了出错率。

(2) 简化了原理图,当原理图较为复杂或者连接线路太远时,用总线网络名称代替实际的电路连接可以简化原理图。

(3) 总线的网络标号在多页式原理图和层次式原理图中,可以有效表示各个模块之间的连接关系。

1.10.2 CPU 的画法

CPU 的引脚比较多,原理图中的 CPU 画法可按照组合器件和总线式的画法进行,首先是元器件封装的制作,元器件封装采用组合器件的制作方法,封装按CPU 的功能分为若干个,一般情况下 CPU 的存储器接口为 A 封装、通信接口为 B封装、通用的 GPIO 接口为 C 封装等,如图 1.21 所示(以 BCM5830X 为例)。关于CPU 的总线式画法,CPU 的引脚功能一致时,为了简化原理图的连接线,可采用总线式的画法,如图 1.21 所示。

1.10.3 测试点放置

在原理图绘制时,对生产过程中需要测试的信号要放置测试点,以方便 PCBA的测试。一般情况需要添加测试点的网络有对外接口,如显示接口、通信接口、键盘接口、程序下载端口等,测试点放置原则如下。

(1) 关于电源网络和 GND 网络的测试点,由于在单板测试的过程中电源网络流过的电流比较大,通常 GND 和电源网络至少需要分别放置两个以上的测试点。

(2) 高速线、敏感信号线和差分线的测试点,放置测试点时要考虑信号完整性,如出现测试点的放置与信号完整性出现较大矛盾时,以信号完整性优先。

(3) 如果 CPU 是 BGA 封装,对有可能用到的 CPU 引脚,可以用测试点的方式把该引脚拉出来,以便未来扩展功能时用到。

(4) 电路中需要进行信号质量测试和信号时序测试的信号,而该网络所经过的元器件引脚间距又非常小,此时需要考虑在该网络上增加测试点。

(5) 对外接口测试点靠近接口放置,以便指导 PCB 设计,如图 1.22 所示。

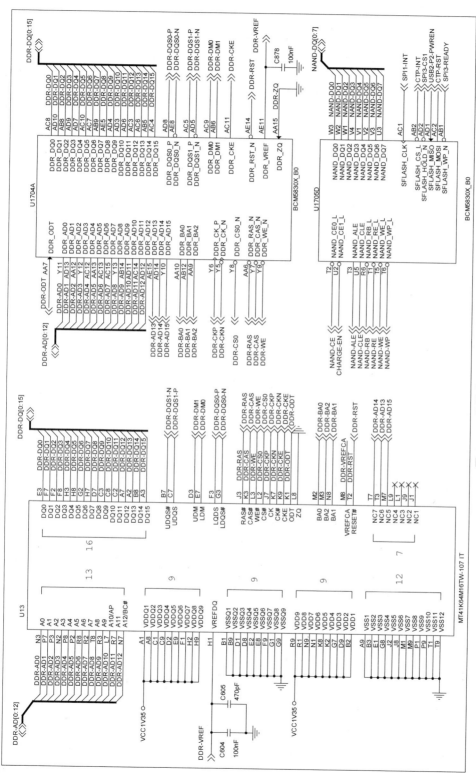

图 1.20 总线式原理图画法

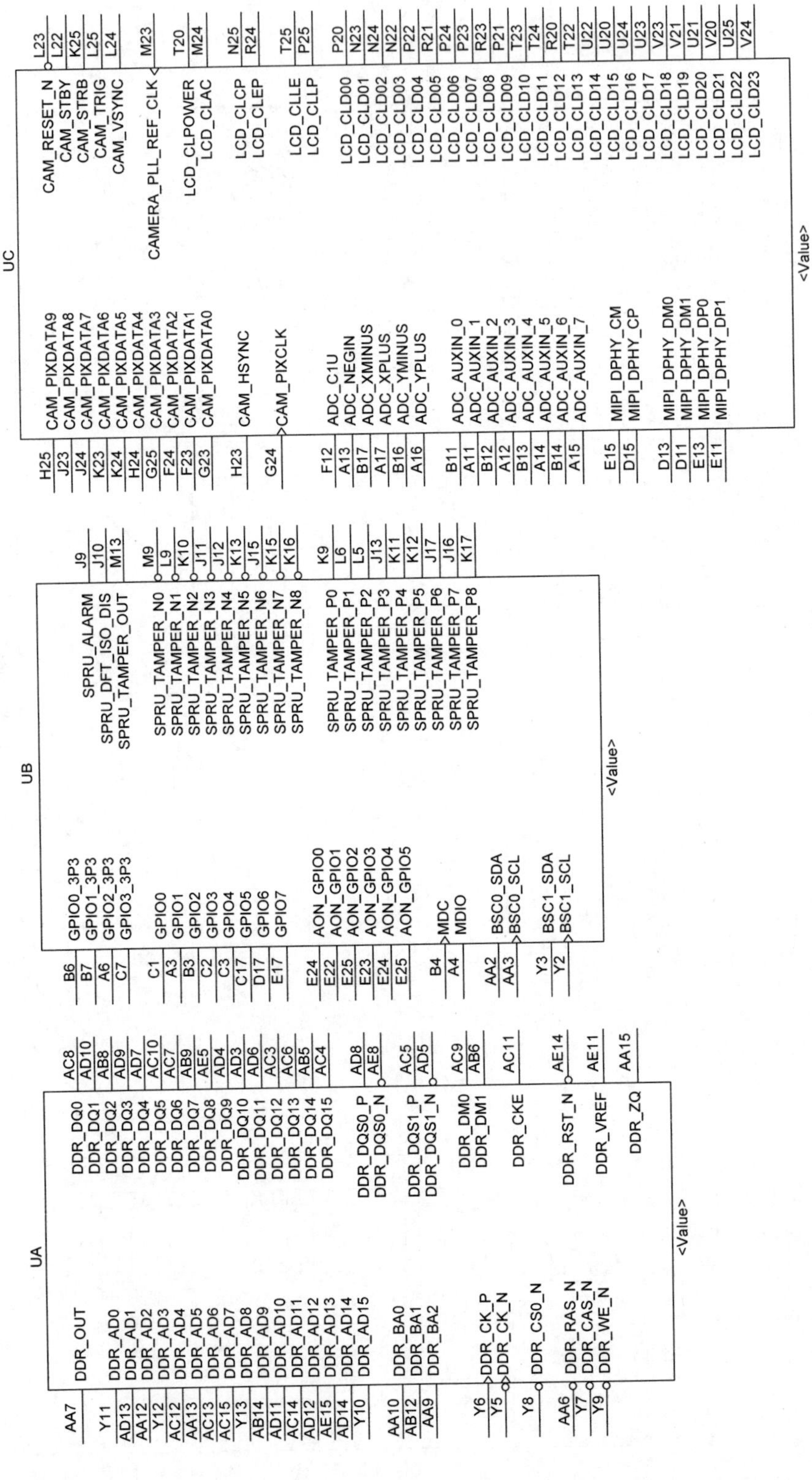

图 1.21 CPU 的组合式封装

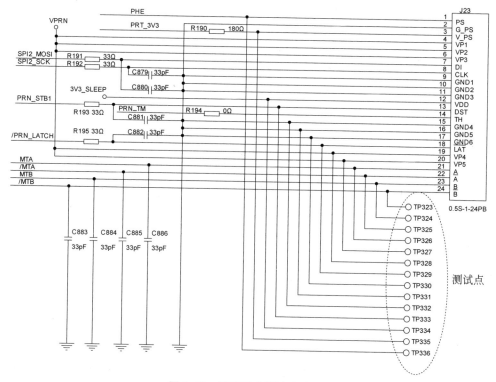

图 1.22　原理图中测试点放置

1.11　原理图设计约束

　　原理图的各功能模块电路应尽可能引用成熟的电路,成熟电路经过了老产品的验证,电路的可靠性有较好的保证。尤其是跟软件控制相关的电路,软件控制逻辑也经历了市场的检验。另外成熟电路的软件测试案例和硬件的测试案例都有对应的标准,测试工作的开展也会非常顺利。

　　对于原理图中以前没有用过的新电路,要搭电路环境进行测试、验证,检验新电路是否满足需求,是否与预想的电路功能一致。如确实不能进行实际电路环境的搭建,要考虑进行电路仿真验证。

　　对于较为创新型的电路,以及尚未模块化、通用化的电路,对电路的设计进行适当约束,通过约束条件保障电路的基本功能。

1.11.1　电路接口电平匹配约束

　　电路接口之间的电平应该匹配,尤其要注意不同电平类型逻辑器件之间。例如我们常用的数字信号输入低电平阈值和高电平阈值分别为 0.8V 和 2.0V。虽然器件实际反转电平有可能处于 0.8～2.0V 中间的某一个电压,但是设计必须保障输入电平不会处于两个阈值之间。

接口电平遵守双阈值标准,所谓的双阈值标准是针对数字电路而言,数字电路表示电平只有 1 和 0 两个状态,在实际的电路中,需要约定什么样的电压为 1,什么样的电压为 0。

(1) TTL 电平接口,TTL(Transistor Transistor Logic)即晶体管-晶体管逻辑电路,TTL 电平信号由 TTL 产生。由于晶体管逻辑电路的输入端和输出端存在一定容值的电容,电容值在 10pF 左右,因此 TTL 电平接口的速度受到一定的限制,它的速度一般限制在 30MHz 以内,输入信号超过一定频率的话,信号就将会"丢失"。TTL 接口的驱动能力较强(8～20mA),可驱动多级逻辑门。关于 TTL 接口电平,TTL 接口电平较高,容易产生串扰问题,TTL 接口电平特性如表 1.8 所示。

表 1.8　TTL 接口电平

名　　称	输 入 电 平	输 出 电 平
高电平	＞2.0V	＞2.4V
低电平	＜0.8V	＜0.4V
供电电压	TTL 只能工作在 5.0V 以下,TTL 电源工作电压常用的是 5V,当使用 5V 供电的 TTL 时,其输出高电平是 5V、低电平是 0V	

(2) CMOS 电平接口,CMOS 接口的功耗和抗干扰能力优于 TTL 接口,CMOS 电路是电压控制器件,输入电阻非常大。CMOS 接口电路的主要优点是噪声容限较宽,静态功耗很小。

关于 CMOS 接口器件的供电电压,早期的 CMOS 集成逻辑门器件,工作电源电压范围为 3～18V。现在,高速的 CMOS 器件电源电压范围为 1.2～5.5V。在同样 5V 电源电压的情况下,COMS 电路可以直接驱动 TTL,因为 CMOS 电路的输出高电平大于 2.0V,输出低电平小于 0.8V。而 TTL 电路有可能不能直接驱动 CMOS 电路,TTL 的输出高电平大于 2.4V,如果落在 2.4～3.5V 之间(5V 供电的 CMOS 器件输入高电平要求大于 3.5V),则 CMOS 电路就不能检测到高电平。低电平小于 0.4V 能满足要求,所以在 TTL 电路驱动 COMS 电路时经常需要加上拉电阻。

(3) ECL 电平接口,ECL(Emitter Coupled Logic)即射极耦合逻辑电路,是带有射随输出结构的输入输出接口。ECL 接口广泛用于高速 CPU 和数字通信系统,能满足高达 10Gbps 工作速率。ECL 接口电路的最大特点是其门电路工作在非饱和状态,因此 ECL 又称为非饱和性逻辑电路,正因为如此 ECL 电路的最大优点是具有相当高的速度,电路的平均延迟时间可达几 ns 数量级甚至更少。ECL 接口电路的逻辑摆幅较小,仅 0.8V。当电路从一种状态过渡到另一种状态时,对寄生电容的充放电时间将大大减少,这也是 ECL 电路具有高开关速度的重要原因。

ECL 接口电路是由一个差分对管和一对射随器组成的,如图 1.23 所示,所以输入阻抗大、输出阻抗小、驱动能力强、信号检测能力高。

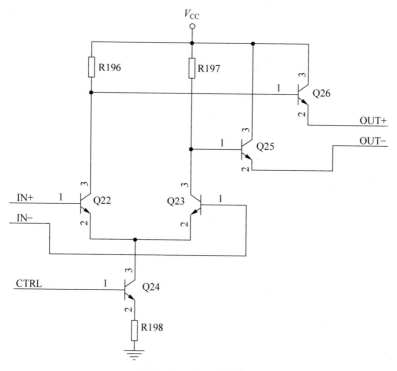

图 1.23　ECL 电路接口

(4) LVDS 接口,LVDS 的驱动器由驱动差分线对的电流源组成,电流通常为3.5mA。LVDS 接收器具有很高的输入阻抗,LVDS 驱动器输出信号通过匹配电阻在接收器的输入端产生差分电压,LVDS 接口具有以下特性。

① 具有相对较慢的边缘速率,dV/dt 约为 $0.300V/0.3ns$(即为 $1V/ns$)。

② 采用差分传输形式,使其信号噪声和 EMI 都大为减少,同时也具有较强的抗干扰能力。

③ 多分支形式,即一个驱动器可连接多个接收器,具有相同的数据传给多个负载的特点。

④ 多点结构,可以提供双向的半双工通信,但是在任意时刻,只能有一个驱动器工作,发送的优先权和总线的仲裁协议需要依据不同的应用场合,选用不同的软件协议和硬件方案。

⑤ 信号电平特性,LVDS 物理接口使用 1.2V 偏置电压作为基准,提供大约400mV 的摆幅。

(5) 光隔离接口,光电耦合是以光信号为媒介来实现电信号的耦合和传递,好处是能够实现电气隔离和具有出色的抗干扰能力。光隔离接口可以在电路工作频率很高的条件下进行数据传输,基本只有高速的光电隔离接口电路才能满足数据传输的需要。有时为了实现对高电压和大电流的控制，使用光隔离接口电路来连接逻辑电路，以实现小信号控制强电的应用场景。需注意的是光隔离接口的输入部分和输出部分必须分别采用独立的电源，做到彻底隔离。

（6）线圈耦合接口，线圈耦合接口电气隔离特性好、传输效率高，但是允许的信号带宽有限。例如变压器耦合，功率传输效率非常高，输出功率基本接近其输入功率。另外线圈耦合还可以实现阻抗变换，当匹配得当时，负载可以获得足够大的功率，因此变压器耦合电路在功率放大电路设计中经常用到。

1.11.2 器件工作速率约束

选用的器件和其承载信号的交流特性应该匹配，数字逻辑芯片要能支持引入的高速时钟信号以保证逻辑时钟能够正确采样，时钟接收器频率特性要大于其输入的频率信号，例如 SN65MLVD200 器件，其数据手册的速率为 100b/s，折算成时钟频率为 50MHz，如果用来驱动 60MHz 的信号，虽然可以工作，但性能将不能得到保证。

当使用边沿速率较低的器件驱动高速器件时，可能在边沿上产生毛刺或者振荡，同时也不推荐使用高速器件驱动低速信号，因为高速器件对毛刺信号敏感，且容易导致产品的 EMC 性能恶化。

需要注意的是，时钟的占空比发生变化、系统热插拔过程中时钟上的毛刺信号使得时钟频率升高，从而导致逻辑跑飞，在设计中必须注意这样的问题，以保证系统高频信号能够可靠运行。

在满足系统性能要求的情况下，尽量降低信号的速率，采用慢速器件。高速器件主要是指信号切换速率高的器件，高速器件和高时钟速率对系统带来了多方面的影响。

（1）信号完整性问题，高速信号在电路板上即使是很短的导线，也必须作为传输线处理，进行恰当的端接，否则就会发生振铃、过冲。这不仅仅和频率相关，频率很低而切换速度很高的器件也需要考虑。

（2）切换速率的提高使得电源完整性劣化，需要考虑电源噪声的处理措施。

（3）有可能造成成本的上升，高一个等级的器件在价格上要高出较大的范围，尤其是复杂的集成逻辑门器件。

（4）高速器件带来更多的 EMC 问题，EMC 问题是相对的，不是有没有、带不带来的问题，在设计的过程中要尽量减少 EMC 带来的影响。

（5）设计时序要求更加严格，高速信号和高速器件对信号时序要求更严格。数据的传输一般都是在时钟信号下进行有序的收发，芯片只能按规定的时序发送和接收数据，过长的信号延迟或信号匹配不当都会影响时序的建立和保持时间,导致芯片无法正确收发数据,从而使系统不能正常工作。随着系统时钟频率的不断提高和信号边沿不断变陡,系统对时序有更高的要求,一方面留给数据传输的有效读写窗口越来越小,另一方面,传输延时要考虑的因素增多,要想在很短的时间里让数据信号从驱动端完整地传送到接收端,就必须进行精确的时序计算和分析。

(6)功耗更大,为系统散热带来挑战,器件消耗的总功耗由器件的静态功耗、动态功耗和 IO 功耗构成。其中,动态功耗和 IO 功耗与信号频率有较大关系,动态功耗是指由于内部电路翻转所消耗的功耗;IO 功耗是 IO 翻转时,对外部负载电容进行充放电所消耗的功耗。

1.11.3 对外接口热插拔约束条件

接口热插拔是指在系统不断电的情况下,可以拔出或插入工作模块,而不影响系统的正常运行。热插拔技术允许在不停机或很少需要操作人员参与的情况下,实现故障恢复或系统重新配置。

热插拔过程中产生的电压瞬变可能会对已插入背板的板卡造成严重威胁,导致背板电源的跌落,而背板电源总线的电压跌落或电源上的脉冲干扰可能造成系统意外复位。不受限制的电流还会导致元器件损坏、板卡旁路电容被烧毁、印制电路板(PCB)引线被烧断等。另外一个容易忽略的问题是系统的长期可靠性,设计不当的热插拔电路会使电路板上的元器件在长期受到热插拔事件的冲击下而损坏。因此电路上针对热插拔接口要具有一定的防范措施,如下所示。

1) 浪涌防护

浪涌顾名思义就是瞬间出现超出稳定值的尖峰信号,它包括浪涌电压和浪涌电流。浪涌电压是指超出正常工作电压的瞬间过电压;浪涌电流是指电源接通瞬间或是在电路出现异常情况下产生的远大于稳态电流的峰值电流或过载电流。

热插拔的过程中,在新插入并开始上电的 PCB 上,用于旁路和滤波的大电容将瞬间短路并开始充电。这种不受控制的电容充电或放电,将对新插入板卡上的电容注入较大的浪涌电流,浪涌电流的幅度可能在极短的时间内达到数百 A,如图 1.24 所示。充电电荷来自于带电系统,电容 C1、C2 和 C3 对热插拔板卡进行放电。随着电容 C4、C5 快速充电,它们将表现为短路状态,瞬间吸收较大的电流,从系统吸取较大功率,从而使电源电压跌落,可能造成相邻板卡复位,引入数据传输故障。

热插拔浪涌防护方法,可采用热敏电阻或单芯片热插拔控制器串联在电源回路中。关于采用热敏电阻串联在电源回路中,热敏电阻为电子元件,阻值在温度变化时将发生显著变化(电阻是温度的函数),电流-温度-电阻特性可以

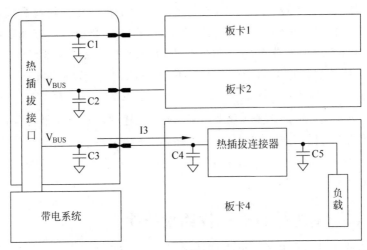

图 1.24　热插拔浪涌模型

抑制短暂的高压尖峰以及初始浪涌电流。此方案需要考虑作用在热敏电阻上的瞬态峰值功率,如果超出其额定瞬态峰值功率,则可能会导致热敏电阻损坏。

　　关于采用单芯片热插拔控制器的方法,与使用热敏电阻对比有一定的优势,采用热敏电阻电路虽然简单,但不能满足系统长期可靠性的需求,热敏电阻的特性参数会随时间变化,这将导致其抗冲击能力下降。抑制浪涌电流比较好的解决方案是采用集成的单芯片热插拔控制器,单芯片热插拔控制器具有限制瞬间大电流的特性,同时芯片具有欠压(UV)和过压(OV)保护。过流时利用恒流源实现有源电流限制;过压时可精确和快速检测到并切断内部的开关器件。新一代热插拔 IC 集成了全面的模拟和数字功能,板卡插入并完全上电后,可连续监测电压和电流,连续监测功能可以在板卡正常工作期间继续提供短路和过流保护,同时还可以帮助识别故障板卡,在板卡失效后及时关闭其电源。

　　2)热插拔静电防护

　　静电无处不在,带电插拔过程非常容易产生静电,静电会带来设备故障和器件损伤,必须重视。两个具有不同静电电位的物体,由于直接接触或静电场感应引起两个物体间的静电电荷转移称为静电放电。如果带电体是通过电子元器件来放电,就可能会给元器件带来损伤,导致器件失效。

　　热插拔中至少存在三个物体,分别是人体、热插拔单板、主机,因此在热插拔中静电问题很容易出现,最常见的两种情况如下。

　　(1)人体本身带有静电,而主机已经接地,热插拔瞬间人体静电电荷将经热插拔单板对主机放电。

（2）主机带有静电电荷，人体也带有静电电荷，热插拔瞬间人体静电电荷与主机静电电荷在热插拔系统中发生电荷重新分布，从而产生静电放电。

以上两种情况，为了防止静电带来的危害，理论上主机的热插拔接口电路需要考虑防静电设计，但实际情况主机的热插拔接口引脚数量多、功能复杂，因此在主机接口上增加防静电电路将明显加大主机电路的设计难度和设计成本。如果人体、热插拔单板、主机能够良好的与地连接，那么热插拔过程中的静电问题完全可以避免，这个假设是非常有意义的，可以减小单板防静电的设计难度。只需要在主机上配一个防静电手链，然后在说明书中明确要求热插拔操作时，操作员必须戴防静电手链即可。因此，热插拔接口的防静电可以从如下两方面来解决。

（1）如果热插拔接口引脚数量较少，可以采用在接口上增加静电防护器件ESD，把热插拔过程中的静电通过 ESD 二极管迅速泄放。

（2）如果热插拔接口引脚数量较多，在每个信号上增加防护器件设计难度较大且成本较高，可考虑说明书中明确要求热插拔操作时，操作员必须带防静电手链，且在热插拔前将热插拔单板进行放静电处理。

3）总线热插拔防护

总线上插入板卡时，由于新插入板卡电容的充电以及上电过程中一些低阻抗通道的存在，会产生极大的浪涌电流，拉低总线电平，对总线上其他设备产生干扰，从而影响总线上其他设备的正常运行，同时插拔时也会带来静电问题。因此需要采取一些措施对子板上电进行控制，限制浪涌电流，以及提供一定的静电泄放通道，下面以 I^2C 总线的热插拔举例说明。

I^2C 总线由数据线 SDA 和时钟线 SCL 构成，可发送和接收数据，如图 1.25 所示。I^2C 总线上外挂了许多设备，当我们插入或者拔出某一个 I^2C 设备时，不应该对其他设备造成影响，即不能产生浪涌电流影响总线信号，以及要有静电防护能力，消除热插拔产生的静电影响。

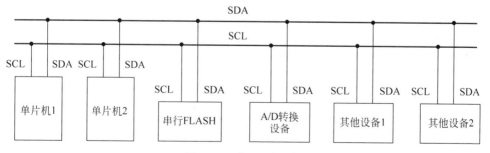

图 1.25 I^2C 总线设备

I^2C 总线上的设备要支持热插拔，最常用的方法是采用支持 I^2C 热插拔的总线缓冲驱动器，NXP 公司的 PCA9510A 支持 I^2C 总线热插拔，PCA9510A 工作电压为 $2.7\sim5.5V$，总线输入电容在 10pF 以内。同时 PCA9510A 具有一定的静电防护能力,人体模型大于2000V,机器模型大于150V,充电器件模型大于1000V。因此PCA9510A可解决热插拔过程中的静电泄放问题。PCA9510A热插拔的原理图如图1.26所示,热敏电阻PT1用于浪涌防护。静电防护方面,芯片的信号引脚SCLOUT、SCLIN、SDAOUT、SDAIN、ENANBLE本身具有较好的静电防护等级。

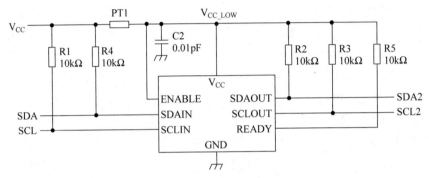

图1.26 PCA9510A热插拔电路

1.11.4 产品认证约束

每个产品都有相关的认证要求,产品认证对原理图设计有一定的约束条件,原理设计过程中要考虑产品的认证要求。按照执行要求划分,产品认证可分为强制性认证、自愿性认证。强制性认证是国家强制要求的,没有取得的认证产品禁止在市场上销售,自愿认证就是国家没有强制要求的,自己按照自己的意愿去做的认证。按照性质划分,产品认证可分为通用认证和行业认证,一般情况下通用认证的技术难度较低,而行业认证的难度较高,行业认证可以为产品带来附加价值,打广告或者增加产品卖点等。下面以3C认证和UL认证举例说明认证对产品设计的约束要求。

(1) 3C认证。3C认证的全称为中国强制性产品认证(China Compulsory Certification,CCC)。3C认证是为了保护消费者人身安全、产品安全,进行加强产品质量管理,并依照法律法规实施的一种产品合格评定制度。产品为了满足3C认证要求,在设计上要有一定的约束条件,以一款手持通信终端为例,3C认证对产品约束要求如表1.9所示。

(2) UL认证。UL是美国保险商试验室(Underwriter Laboratories Inc.)的简写,UL认证属于非强制性认证,UL认证主要是产品安全性能方面的检测和认证,涉及到的测试项有接触电流试验、爬电距离和电气间隙测试、电气强度测试、电容放电测试、应力消减测试、电源线拉力测试、耐热和耐燃测试、温升测试、辐射毒性危险性测试等,根据产品特性执行相关的测试项。以一款移动电子产品为例,UL认证对产品约束要求如表1.10所示。

表 1.9 3C 认证的约束要求

要　　求	具 体 描 述
认证需求说明	3C 认证包括电磁兼容实验测试和产品电气安全实验测试,电磁兼容实验执行 GB/T 9254—2008《信息技术设备的无线电骚扰限值和测量方法》,电气安全实验执行 GB 4943.1—2011《信息技术设备安全第 1 部分》
约束条件	① 150kHz～30MHz 电源端子骚扰电压满足 B 级 ITE 限额值,0.15～0.50MHz 的准峰值为 66～56dBμV,平均值 56～46dBμV;0.50～5MHz 的准峰值为 56dBμV,平均值 46dBμV;5～30MHz 的准峰值为 60dBμV,平均值 50dBμV ② 电信端口的传导共模骚扰限值,按 B 级电信端口传导共模(不对称)骚扰限值,0.15～0.50MHz 的限值要求,电压限值的准峰值 84～74dBμV,电压限值的平均值 74～64dBμV,电流限值的准峰值 40～30dBμA,电流限值的平均值 30～20dBμA。0.50～30MHz 的限值要求,电压限值的准峰值 74dBμV,电压限值的平均值 64dBμV,电流限值的准峰值 30dBμA,电流限值的平均值 20dBμA ③ 30～1000MHz 辐射骚扰限值,按 B 级 ITE 限值(10m 测量距离),30～230MHz 准峰值限值 30dBμV/m,230～1000MHz 准峰值限值 37dBμV/m ④ 1GHz 以上辐射骚扰限值,按 B 级 ITE 限值(3m 测量距离),1～3GHz 平均值 50dBμV/m,峰值 70dBμV/m。3～6GHz 平均值 54dBμV/m,峰值 74dBμV/m。产品内部源的最高频率低于 108MHz,测量只进行到 1GHz。产品内部源的最高频率在 108～500MHz,测量只进行到 2GHz。产品内部源的最高频率在 500～1GHz,测量只进行到 5GHz。产品内部源的最高频率高于 1GHz,测量将进行到最高频率的 5 倍或 6GHz,取两者中的较小值 ⑤ 电气安全实验的约束条件为发热、过载和绝缘等测试,执行 GB 4943.1—2011《信息技术设备安全第 1 部分》
可实现的技术方案	① 电源系统的布局,电源的噪声和电源的质量对整个系统至关重要,IC 产生的噪声通过电源和地干扰整个系统,电源系统采用单点接地的方法,数字地和模拟地适当分开,防止数字地和模拟地的相互干扰 ② 关键的高频信号增加滤波电路,同时高频信号的 PCB 走线过要进行阻抗处理,严格控制走线阻抗 ③ 合理安排 PCB 的叠层,在走线的过程中尽量保证电源层和地层的完整性 ④ 环路最小规则,即信号线与其回路构成的环路面积要尽可能小,环路面积越小,对外的辐射越小,受外界的干扰也越小。针对这一规则,在地平面分割时,要考虑到地平面与重要信号走线的分布,防止由于地平面开槽等带来的问题。在双层板的设计中,需增加一些必要的过孔,将双面地信号有效地连接起来,对一些关键信号尽量采用包地处理等措施

表 1.10 UL 认证的约束要求

要 求	具 体 描 述
认证需求说明	UL 认证不仅要考虑设备的正常工作条件,还要考虑可能的故障条件以及随之引起的故障,如温度、湿度、海拔、污染、过电压等外界因素对产品的影响。另外还需要考虑两类人员的安全,一类是产品的使用人员(或操作人员),另一类是产品的维修人员
约束条件	① 电缆线、通信线符合 UL1582 标准 ② 电源线接头符合 UL817 标准,包括插头、插座、插板、连接器等 ③ 线路板符合 UL796 标准 ④ 电路开关符合 UL20 标准,特殊用途开关符合 UL1054 标准,如仪器开关等 ⑤ 接线端子符合 UL486 标准,接线柱符合 UL1059 标准 ⑥ 压敏电阻符合 UL1449 标准,普通电容符合 UL801 标准,滤波电容符合 UL1283 标准 ⑦ 整机满足耐热、耐燃烧等相关要求
可实现的技术方案	① 电击。电击是由于电流通过人体而造成的,其引起的生理反应取决于电流值的大小和持续时间及其通过人体的路径。电流值取决于施加的电压和人体的阻抗,人体的阻抗依次取决于接触区域的湿度,大约 0.5mA 的电流就能在健康的人体内产生反应,而且这种不知不觉的反应可能会导致间接的危害。因此在产品的电路设计中峰值电压超过 42.4V 或直流电压超过 60V 的电路,应限制这种电路的可触性和接触区域,把它们与未接地的零部件隔离开 ② 与能量有关的危险。大电流电路或大电容电路的相邻电极短路时,可能导致燃烧和产生电弧,减小这种危险的方法是隔离、屏蔽、使用安全联锁装置 ③ 着火。正常工作条件下过载、元件失效、绝缘击穿或连接松动都有可能产生过高温度,应保证设备内着火点产生的火焰不会迅速蔓延,也不会对设备的周围造成危害。减小这种危险主要的方法是电路上增加过流保护装置,产品外壳使用符合要求的阻燃材料,并使用防护挡板以减小火焰向设备外蔓延的可能性 ④ 与热有关的危险。高温有可能导致使用者被烫伤,减小这种危险的主要方法是针对发热器件要考虑均匀散热,避免热量过于集中。如果不可避免接触到烫热的零部件,应提供警告标识以告诫使用人员 ⑤ 机械危险。产品尖锐的棱角和拐角可能引起潜在的机械危害,减小这种危险的方法包括倒圆角处理、配备防护装置、使用安全联锁装置,在不可避免接触时提供警告标识以告诫使用人员 ⑥ 辐射。设备产生各种形式的辐射可能会对使用人员和维修人员造成危险,辐射包括声频辐射、射频辐射、红外线辐射、高强度可见光等。减小这种危险的方法是限制辐射源的能量等级,屏蔽辐射源,使用安全联锁装置,如果不可避免要提供警告标识以告诫使用人员

1.12　电路设计模块化与重用

设计的重用可以大大简化电路设计,提高设计效率和工作质量,以及实现团队协同设计。将复杂的电路划分为不同的功能模块,让擅长不同领域的电路设计专家都参与进来,模块化电路由经验丰富的硬件工程师主导开发,并经过严格评审和测试验证。模块化电路一旦设计定型,电路成熟度高、性能稳定可靠。在没有特殊要求的情况下,能够采用模块化电路的子模块一律采用标准的模块电路。

如果认为模块化电路在成本上不具优势,或者模块化电路不能满足产品设计要求,应对模块电路进行修正,或者重新进行模块电路的设计,图1.27是模块化电路的设计流程图。

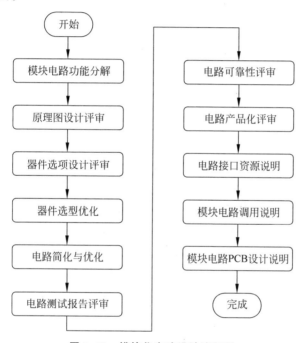

图1.27　模块化电路设计流程图

1.13　信号完整性与电源完整性设计

在满足速度要求的前提下,应尽量选择不易引起信号完整性问题的接口电路和器件。电压摆幅较低的器件相对于电压摆幅较高的器件,较少引发 EMI 的问题;差分信号相对于单端信号,较少引发 EMI 的问题。另外,低速器件相对于起高速器件较少引发信号完整性和 EMI 问题。点到点的传送比起总线、分叉等复杂的拓扑电路,较少引发信号完整性问题。

在信号完整性中,重点是确保传输的高电平在接收器中看起来像理想逻辑"1",传输的低电平在接收器中看起来像理想逻辑"0"。为了保证数据传输的稳定性,驱动器要能够提供足够的电流以发送"1"和"0",因此,信号完整性与电源完整性息息相关。

用一句流行的话来讲"只有两种硬件工程师,一种是已经遇到了信号完整性问题,另一种是即将遇到信号完整性问题"。从广义上讲,信号完整性是指电路信号互联过程中引起的所有问题,把这些问题进行分类,主要涉及两方面内容:信号直流、串扰。

与信号完整性相比,电源完整性是一个比较新的概念,本质上电源完整性也属于信号完整性的范畴,因为电源噪声大部分都来自数字电路翻转,当多个电路端口同时由"1"到"0"翻转或者由"0"到"1"翻转时,会在地线上产生较大的变化电流,同时速度很快。如果电源不能及时提供这些电流,那么就会在这里产生翻转噪声。

1.13.1 信号质量

当信号从信号驱动器输出时,构成信号的电流和电压将形成一个阻抗网络,信号沿着这一传输网络传输时,不断受到网络阻抗变化的影响。如果信号感受到阻抗保持不变,且与其频率特性匹配,则信号不失真。一旦阻抗发生变化,信号则在变化处产生并发射,如果阻抗改变程度足够大,那么失真可能导致电路误触发。使传输线网络发生阻抗改变的情况来自如下几点。

① 走线宽度的变化,印制板走线的特征阻抗主要由线宽、走线的铜皮厚度、走线到参考平面的距离和 PCB 板材质的介电常数决定。

② 层转换,走线换层的过孔导致线宽发生变化。

③ 接插件,受连接器触点的直流电阻和分布电容影响。

④ 分支线,总线连接多个设备时,分支阻抗将发生变化。

解决电路中信号质量问题,通常可以通过传输线的阻抗匹配,以及在末端添加匹配电阻来解决。

1.13.2 串扰

串扰是指一个信号在传输通道上传输时,因电磁耦合受到相邻传输信号的影响,它是一个信号对另外一个信号耦合后所产生的一种噪声能量值。根据麦克斯韦定律,只要有电流的存在,就会有磁场存在,磁场之间的干扰就是串扰的来源,这个感应信号可能会导致数据传输的丢失和传输错误。

近端串扰与远端串扰,为了便于分析,标记靠近源端的串扰为近端串扰,远离源端的串扰为远端串扰。实际的电路中,如果传输线两端都有端接并且不存在多次反射,近端串扰上升到一个固定值后会跌落,串扰的幅值不大,重点关注串扰的保持时间。不同于近端串扰,远端串扰会在信号开始一段时间之后产生,出现十分迅速,持续时间很短。近端串扰和远端串扰的计算如式(1-8)所示。

$$V_{\text{near}} = \frac{V_{\text{input}}}{4}\left[\frac{L_{12}}{L_{11}} + \frac{C_{12}}{C_{11}}\right] \tag{1-8}$$

其中,L_{12} 和 C_{12} 为信号之间的互感和互容,L_{11} 和 C_{11} 是信号与回流路径之间的电容与互感。

$$V_{\text{far}} = \frac{V_{\text{input}(X\sqrt{LC})}}{2T_{\text{rise}}}\left[\frac{L_{12}}{L_{11}} - \frac{C_{12}}{C_{11}}\right] \tag{1-9}$$

关于近端串扰与远端串扰的信号模型图,如图 1.28 所示。以入射信号 200mV 为例,近端串扰大约 13mV,约为入射信号的 6.5%。而远端干扰幅值是 60mV,为入射信号的 30%。

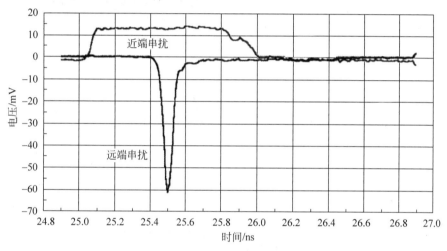

图 1.28　近端串扰和远端串扰

抑制串扰的措施,从三个方面来减小远端串扰和近端串扰,分别是减小耦合长度、增加上升时间和拉大传输线之间的距离,具体措施如下。

① 在 PCB 布线空间允许的情况下,尽量让布线间距加大,减小耦合长度。

② 尽量减小走线离参考平面的距离,使传输线与参考平面耦合,从而避免对邻线的干扰。

③ 信号上升时间是造成串扰问题的主要原因,所以在满足系统设计指标的情况下,尽可能选取信号上升沿较慢的器件。

④ 对于串扰比较严重的两条线,在布线空间允许的情况下可以在两条线间插入一条地线,起到降低耦合和减小串扰的作用。

1.13.3　电源噪声抑制

电源平面其实可以看成是由很多电感和电容构成的网络,也可以看成是一个共振腔,在一定频率下这些电容和电感会发生谐振现象,从而影响电源层的阻抗。

除了谐振效应,电源平面和地平面的边缘效应同样也是电源设计中需要注意的问题,边缘效应就是指边缘反射和边缘辐射。

导致电源噪声主要有两个方面的因素,首先是器件在高速开关状态下,瞬态的交变电流过大产生的同步开关噪声;其次是电流回路上存在的电感,电感变化导致的谐振效应和边缘效应。对于一个理想的电源来说,其阻抗为零,在平面任意一点的电位都是保持恒定的,各支路和干路上的电压值等于预定的电压值。但实际的情况并不如此,而是存在很大的噪声干扰。由于开关噪声、谐振效应和边缘效应的存在,理想电源与实际电源波形如图 1.29 所示。

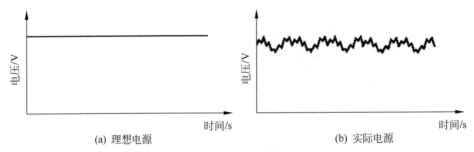

(a) 理想电源   (b) 实际电源

图 1.29　理想电源与实际电源波形

(1) 同步开关噪声分析。

同步开关噪声(Simultaneous Switch Noise)是指当器件处于开关状态产生瞬间变化的电流,在经过有电感存在的回流途径时,形成交流压降而引起的噪声。如果是回流途径电感引起地平面的波动,造成芯片地和系统地不一致,这种现象称为地弹。同样,如果是由于回流途径电感引起电源平面波动,造成芯片电源和系统电源不一致,称为电源反弹。所以同步开关噪声并不是电源电路本身的问题,而是元器件开关信号对电源完整性产生的影响,同步开关噪声是伴随着器件的同步开关输出而产生,开关速度越快,瞬间电流变化越显著,对电源影响也就越严重。

芯片内部开关噪声,假设 L 为器件封装的电源和地的总电感,由于 L_{POWER} 和 L_{GND} 上通过的电流是反向的,则 $L = L_{\text{POWER}} + L_{\text{GND}} - 2M_{\text{PG}}$,$M_{\text{PG}}$ 指 L_{POWER} 和 L_{GND} 的耦合电感,这时芯片的实际电压可用下面的公式来计算。

$$V_{\text{chip}} = V_{\text{s}} - L\frac{\mathrm{d}i}{\mathrm{d}t} - L_{\text{s}}\frac{\mathrm{d}i}{\mathrm{d}t} \tag{1-10}$$

其中,V_{chip} 是芯片的实际电压,V_{s} 是电源电压,L_{s} 是系统电源回路的电感。在瞬间开关时,加载在芯片上的电源电压会下降,随后围绕 V_{s} 振荡并呈阻衰减。该式的分析仅仅是针对一个内部驱动器工作的情况,如果多个驱动级同时工作,会造成更大的电源压降,从而造成器件的驱动能力降低,电路速度会减慢。针对芯片内部的开关噪声可以采取的措施有如下几方面。

① 适当降低芯片内部驱动器的开关速率,降低同时开关的数目,以减小 $\mathrm{d}i/\mathrm{d}t$,不过这种方式受到较大的限制,因为芯片设计的方向就是更快、更密。

② 降低系统供给电源的电感,使用单独的电源层和地层,并让电源层和地层尽量接近。

③ 降低芯片封装中电源引脚和地引脚的电感,比如增加电源引脚和地引脚的引脚数目,减短引线长度,尽可能采用大面积铺铜。

④ 增加电源和地的耦合电感,以减小回路的总电感,让电源和地的引脚成对分布,并尽量靠近。

⑤ 给系统电源增加旁路电容,这些电容可以给高频瞬变交流信号提供低电感旁路。

⑥ 可以考虑在芯片封装内部使用旁路电容,这样高频电流的回路电感会非常小,能在很大程度上减小芯片内部的同步开关噪声。

芯片外部开关噪声,与芯片内部开关噪声最显著的区别在于计算开关噪声的时候需要考虑信号线的电感,而且对于不同的开关状态其电流回路也不同,1 到 0 跳变时,回流不经过封装的电源引脚,0 到 1 跳变时,回流不经过封装的地引脚。类似前面的分析,减轻芯片外部开关噪声的方法有以下几种。

① 降低芯片内部驱动器的开关速率和同时开关的数目,这种方式实现起来比较困难,芯片内部的开关速度和开关数目是由芯片功能决定的。

② 降低信号回路的电感,增加信号和电源、地的耦合电感。

③ 芯片的电源脚使用旁路电容、去耦电容和滤波电容,这样能让电源和地共同分担电流回路,可以减小等效电感。

(2) 电源阻抗设计。

电源噪声的产生在很大程度上还取决于电源电路设计和电源分配系统,电源分配系统就是 PCB 上给所有元器件提供电路的路径。电源之所以波动,就是因为实际的电源平面总是存在着阻抗,这样,在瞬间电流通过的时候,就会产生一定的电压降和电压摆动。为了保证每个元器件始终都能得到正常的电源供应,就需要对电源的阻抗进行控制,也就是尽可能降低其阻抗。例如一个 3.3V 的电源,允许的电压噪声为 3%,最大瞬间电流为 0.5A,那么设计的最大电源阻抗为 0.198Ω,计算如下。

$$Z_{\text{MAX}} = \frac{(\text{正常电源电压值}) \times (\text{允许波动电压范围})}{\text{最大电流}}$$

$$= \frac{3.3 \times 3\%}{0.5} = 0.198\Omega \tag{1-11}$$

电路发展趋势是电压幅值越来越小、速度越来越快、电流越来越大,从式(1-11)可以看出,随着电源电压不断减小和瞬间电流不断增大,所允许的最大电源阻抗也大大降低。另外在设计电源阻抗的时候,不但需要计算直流阻抗,还要考虑在较高频率时的交流阻抗(主要是电感),最高的频率将是时钟信号频率的两倍,因为在时钟的上升沿和下降沿,电源系统上都会产生瞬间电流的变化,可以通过下式来计算受阻抗影响的电压波动范围。

$$V_{drop} = i \times R + L \times \frac{di}{dt} \tag{1-12}$$

式(1-12)中压降包含了电阻压降和电感压降,减少电源阻抗主要是降低电源回路中的电阻和电感,可采取的措施有如下几方面。

① 使用电阻率低材料的 PCB。

② 用较粗的电源线,并尽可能减少长度。

③ 降低电源连接器接触电阻。

④ 减小电源内阻,降低直流阻抗。

⑤ 电源尽量靠近与其对应的 GND。

⑥ 用旁路电容、滤波电容、去耦电容抑制纹波电压。

(3) 旁路电容、滤波电容和去耦电容的利用。

从上面的分析可以看到,无论是降低电源平面阻抗,还是减少同步开关噪声,旁路电容、滤波电容和去耦电容都起着很大的作用,很多时候降低电源平面阻抗和减少同步开关噪声执行起来非常有限,电源完整性设计的重点也在于如何合理地选择和放置这些电容。

关于旁路电容、去耦电容、滤波电容的区别,其实无论如何称呼,它们的作用都是一样的。其基本原理都是利用电容对交变信号呈低阻状态的特性,交变电流的频率 f 越高,电容的阻抗就越低。旁路电容起的主要作用是给交流信号提供低阻抗的通路;去耦电容的主要功能是提供一个稳定的直流电压供给有源器件,以减少开关噪声在 PCB 上的传播,将噪声引导到地,增加去耦电容后电压的纹波干扰会明显减小;滤波电容的主要作用是滤除电源的交流成分,使输出的直流电源波纹更平滑。旁路电容、去耦电容、滤波电容在电路中的位置如图 1.30 所示。

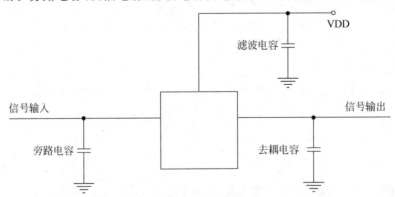

图 1.30   旁路电容、去耦电容、滤波电容在电路中的位置

(4) 电容的频率特性。

对于理想的电容来说,不考虑其寄生电感和电阻的影响,那么我们在电容设计时就没有任何顾虑,电容的值越大越好。但实际情况却相差很远,并不是电容越大对高速电路越有利,反而小电容才能用于高频电路中。理解这个问题,需先了解电

容的等效模型,图 1.31 是理想电容和实际电容的等效模型,可以看到实际的电容要比理想的电容复杂,除了包含寄生的串联电阻 R_s(ESR)、串联电感 L_s(ESL),还有泄漏电阻 R_p、介质吸收电容 C_{na}、介质吸收电阻 R_{na}。泄漏电阻 R_p 也称为绝缘电阻,其阻值越大,泄漏的直流电流越小。

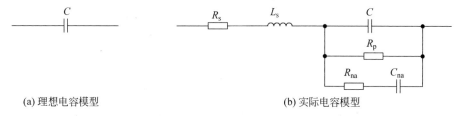

(a) 理想电容模型   (b) 实际电容模型

图 1.31　理想电容模型和实际电容模型

在高频信号电路中,对电容的高频特性影响最大的是电容的串联电阻 R_s 和串联电感 L_s,具体分析时可采用如图 1.32 所示简化的电容模型。把电容也看成是一个串联的谐振电路,其等效阻抗和串联谐振频率可以用如下公式进行计算。

图 1.32　简化的电容模型

$$|Z| = \sqrt{R_s^2 + \left(2\pi f L_s - \frac{1}{2\pi f^C}\right)^2} \tag{1-13}$$

$$f_R = \frac{1}{2\pi\sqrt{LC}} \tag{1-14}$$

可以看出电容在低频时(谐振频率以下)表现为电容特性,而当频率增加(超过谐振频率)的时候,渐渐地表现为电感性的器件。也就是说它的阻抗随着频率的增加先减小后增大,等效阻抗的最小值发生在串联谐振频率点上,这时候电容的容抗和感抗正好抵消,电容阻抗大小恰好等于寄生串联电阻 ESR,电容阻抗随频率变化曲线如图 1.33 所示。

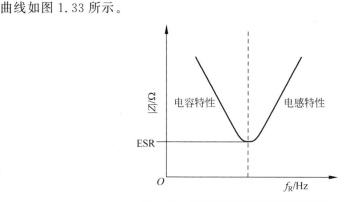

图 1.33　电容阻抗随频率的变化曲线

第2章

原理图检查单

2.1 检查项等级划分

原理图设计检查单的目的是统一和规范原理图的评审要素,使原理图评审过程更加高效。为了使评审要素与原理图更加匹配,需要把评审检查项进行适当的分级。一般情况,可将检查项分为四个等级,分别是强制、特定、推荐、提示,说明如下。

(1) 强制,标记为强制的检查项是指在原理图设计中必须遵守的内容,如果原理图设计由于某种原因不能遵守,则必须进行说明并经过评审确认。

(2) 特定,标记为特定的检查项是指该检查项只适合于某种特定的场合,特定的检查项与产品实际应用环境和产品的特殊认证息息相关,如某些产品有防爆的要求,原理图设计时需要考虑电路防爆特性。

(3) 推荐,标记为推荐的检查项为通常情况下推荐遵守的内容,建议硬件工程师在进行原理图设计时阅读该部分的内容和说明,根据实际情况选择恰当的设计实现。原理图评审时针对推荐项可以快速通过,不重点评审。

(4) 提示,标记为提示的检查项一般是指难以从原理图设计角度检查的问题和很难有结论的问题,不做设计约束,只是提醒硬件工程师在设计中应注意相关问题,避免出错。原理图评审时针对提示项可以不评审,以自查为主。

2.2 原理图规范检查项

原理图规范检查项是指绘图规范和绘图相关标准的检查,涉及的内容主要是原理图版面设计要求、元器件标注和网络标号命名等,表 2.1 是常用的原理图规范检查项,供参考。表格分为 5 栏,分别是序号、检查项内容、示例、范围、修订时间,范围是指检查项的等级划分,如前面 2.1 节所述,其分为强制、特定、推荐、提示,修订时间是指检查项的启用时间和生效时间。

表 2.1　原理图规范检查项

序号	检查项内容	示例	范围	修订时间
1	原理图中的器件封装须采用标准库中的器件封装		强制	
2	原理图中的文本字体大小符合原理图设计规范要求		强制	
3	首页不加图框,其他页面采用标准的 A3 图框		强制	
4	原理图版本信息正确,每页的左下角有本页的功能注释,文字大小符合原理图设计规范的要求		推荐	
5	原理图要有署名,多人设计原理图应在相应页码签署各自的名字。署名采用汉语拼音方式,字体大写,姓在前名在后,姓和名之间用一个英文空格符隔开		推荐	
6	原理图首页由两部分组成,分别是每页图纸功能说明和原理图版本变更记录,原理图版本变更记录需要列出对应的 PCB 版本		强制	
7	原理图各页内容依次为电源、CPU、存储器、人机交互接口、通信接口、对外接口等		提示	
8	原理图网络标号命名符合原理图设计规范要求,同时应符合工具软件的约定		强制	
9	原理图中电源和地网络使用符号库中的符号,库中没有的符号采用网络命名方式,命名规则是电压值＋名称	示例,485 模块的 12V 电源可用 12V_485 表示,USB 模块的 5V 电源可用 5V0_USB 表示	推荐	
10	原理图每页内容紧凑但不杂乱、拥挤,不同功能模块之间适当拉开距离		提示	
11	原理图上的各种标注应清晰,不允许重叠。原理图上所有的文字方向应该统一,文字应该放置在其对应原理图的下方或左方		推荐	
12	元器件的位号要放置在该元器件的附近位置,不应引起歧义		推荐	
13	差分信号的网络标识按规定使用"＋、－"来表示,且将"＋、－"符号放在信号名称的最后面	如 USB 的差分数据信号分别用"USB_D＋""USB_D－"标识	强制	

续表

序号	检查项内容	示例	范围	修订时间
14	为了方便信号完整性分析和布线约束,时钟信号网络标号以 CLK 结尾	示例,串行 FLASH 的 SPI 时钟信号,标识为 FLASH_SPI_CLK	强制	
15	对于异步总线接口的高速信号如存储器的读写、片选信号,原理图上要给出一定的说明,目的是对这些信号引起重视,PCB 布线时要作为时钟线来走线		强制	
16	有特殊要求的元器件,原理图上要显示该元器件较多的参数值,如精密电阻、高耐压电容、LED 灯、熔丝等,精密电阻除了标识电阻位号和电阻值,还要标识电阻的精度;高耐压电容除了标识电容位号和电容值,还需要标识具体的耐压值;LED 灯应增加型号和颜色的标识		推荐	
17	仅和芯片相关的上拉或下拉电阻等元件,应放置在其芯片附近		推荐	
18	芯片的局部去耦电容和旁路电容应与芯片布局在同一页面并就近放置		推荐	
19	始端串接电阻应就近放置在驱动器的输出端,以便指导 PCB 设计,串联电阻和驱动器之间不放置网络标号		强制	
20	终端并联电阻靠近接收器放置,以便指导 PCB 设计。终端并联电阻的作用是信号到达传输线末端后不会产生反射现象		强制	
21	兼容设计的电路、选配功能的设计电路、调试用(最终不用)的电路,应在原理图上注明,以方便调试		推荐	
22	尽量不修改通用电路、模块化电路,如果要修改需要在原理图中注明修改理由,以方便评审		推荐	
23	DRC 检查后,发现有单节点的网络,要进行仔细核查,是否存在连接错误		强制	

2.3　元器件选型检查项

元器件选型是电路设计的基础,为了确保电子产品的稳定性,需进行元器件的精准选型和正确使用。据统计,电子产品出现的故障原因大多数都与电子元器件有关,70%左右的电子产品出问题是由相关的电子元器件问题引起的,电子元器件的不规范使用和错误的选择是导致电子产品出现故障最主要的因素。

　　元器件的可靠性可从两个方面来理解,分别是元器件的固有可靠性与使用可靠性。元器件的固有可靠性是指元器件在其固有设计和生产过程中所确定的可靠性,元器件的固有可靠性主要由元器件生产厂家的制造能力决定,其对产品质量起到了决定性作用。因此在元器件的选择中,首先要关注电子元器件的固有可靠性,选择质量优秀的元器件。

　　元器件使用可靠性是指元器件在使用过程中实际所展现出来的可靠性,元器件使用可靠性取决于电路设计和元器件的使用方式。从元器件的未来发展趋势来看,随着元器件制造工艺的快速发展,元器件的固有可靠性将得到快速提升,同时元器件的种类和元器件的功能也更加多样化,元器件的多样化和多元化将导致元器件选型范围越来越细分,元器件选型难度也越来越大。

　　元器件选型检查项是针对元器件固有的可靠性和使用可靠性的检查,如元器件参数是否满足电路要求、元器件封装是否合理等,常用元器件选型设计检查项如表 2.2 所示。

表 2.2　元器件选型检查项

序号	检查项内容	示例及说明	范围	修订时间
1	元器件除了满足电路要求以外,还应满足表面贴装对元器件的要求,要考虑生产线设备对元器件封装尺寸的约束要求		强制	
2	在满足产品性能要求的情况下,尽量降低信号的速率,选用慢速器件	采用高速器件带来的影响有成本上升、散热问题、电源完整性问题和时序问题等	提示	
3	尽量多使用贴片器件和少使用插装器件,同时尽量选用能承受双面过炉工艺的器件		提示	
4	电路的选配功能,尽量避免使用跳线、拨码开关等机械接触器件,可以用 0Ω 电阻来代替跳线,不同的功能对应不同的 BOM 来实现电路的选配功能	跳线帽和拨码开关等机械器件存在不可靠、接触不良等多方面问题,且失效后容易使系统进入不正常的分支	强制	
5	同一个物料代码下有多个元器件时,每一种元器件都要能够满足电路要求,如不能满足要通过设计做到完全兼容		推荐	
6	0201 封装、0105 封装的阻容仅在高密度母板上使用,接口板和子板优选 0402 封装和 0603 封装的阻容		强制	
7	有散热器要求的芯片,散热器选型应考虑散热器能可靠安装	对于裸 die 封装的芯片,不能使用粘贴方式安装的散热器,否则很容易导致散热器脱落造成芯片损坏。BGA 封装的元器件可以用导热胶安装散热器	推荐	

续表

序号	检查项内容	示例及说明	范围	修订时间
8	避免选择潮敏等级高的元器件,如使用应保证元器件在生产加工过程的可靠性		推荐	
9	合理选用 TVS 管和 ESD 管,TVS 管是瞬态抑制二极管,具有较快的响应能力和强大的浪涌吸收能力,主要用在电源输入端吸收浪涌。而 ESD 静电放电管具有较低的容值,主要用在信号引脚上起到静电保护作用		推荐	
10	TVS 管的最大反向工作电压 VRWM 应不低于电路的最大工作电压,要求 VRWM 为电路最高工作电压的 1.5 倍		强制	
11	TVS 管的额定最大脉冲功率应大于电路中出现的最大瞬态浪涌功率		推荐	
12	TVS 器件和 ESD 器件用在高速信号上,需要考虑器件寄生电容对信号的影响,寄生电容的大小对电平的上升和下降速度影响较大		强制	
13	TVS 器件和 ESD 器件选型时要考虑器件自身的响应时间,ESD 器件的响应速度非常快,一般为几 ns 至几十 ns 不等,而 TVS 器件是基于二极管 PN 结的反应原理,器件反应速度较慢		推荐	
14	注意单向 TVS 管和双向 TVS 管的选择,在 RS-232 链路中需采用双向 TVS 管,TVS 管放在信号线串联电阻外侧,位于单板入口处		强制	
15	当 TVS 和压敏电阻联合使用进行浪涌保护时,压敏电阻的压敏电压要低于 TVS 的钳位电压		强制	
16	PTC 与 TVS 配合使用时,PTC 要能及时动作,对 TVS 进行过流保护,同时 PTC 本身也要能够满足工作电压的要求		强制	
17	保护器件应与被保护器件接相同的地平面,如在变压器隔离电路中,隔离变压器初次级两侧的保护器件要分别接对应的参考地,保护器件和被保护器件的泄放回路要一致		强制	
18	在光电二极管的电路中,应注意光敏二极管电压、电流的降额因子,所加的偏置电压不得低于规定值,过度的降额将使光电流与入射光强度的线性关系变坏		推荐	

续表

序号	检查项内容	示例及说明	范围	修订时间
19	只有对外的接口或者信号(例如电话线接口、网线接口、RS-232 接口、SAM 卡信号等)需要添加静电防护器件,产品内部的信号线一般不需要添加静电防护器件,如按键接口和显示屏接口		推荐	
20	少于 3 引脚的插座,必须选用插装的连接器,表贴插座引脚太少插座的强度会受影响,生产运转过程中插座容易被撞掉,同时在装配插拔的过程中也容易脱离	下图是 2 引脚贴片连接器脱离的图片  	强制	
21	产品对外接口的连接器,需要考虑连接器插拔寿命,一般情况可以按插拔 500～1000 次来判断,连接器在未达到规定的机械寿命前,连接器的接触电阻、绝缘电阻和耐压等指标不应超过其额定值		推荐	
22	FPC 连接器不宜选用引脚数超过 60 以上的器件,实际过程如用到引脚数比较多,可以考虑拆分为两个连接器,另外 0.3mm 间距以下的 FPC 连接器要慎重选用		推荐	
23	关注连接器的额定电压和额定电流,连接器的额定电流要降额使用,按降额 70% 要求使用	连接器的触点都存在一定阻值的接触电阻,当有电流流过时会发热,如果电流较大发热超过一定极限时,将破坏连接器引脚之间的绝缘,以及增加连接器触点的接触电阻	强制	
24	继电器是机电式元件,容易遭受电气和机械方面的双重影响,当触点并联使用时只能作为提供备份设计用,不能作为增大额定电流的方法	因为若干触点不会同时接通和关断,很有可能是一个触点承受所有负载	推荐	
25	继电器用于感性、容性或负载电路时,应考虑到瞬态电流对继电器触点的影响	继电器在接通瞬间会产生大约 10 倍于稳态电流的浪涌电流,当负载较大时应增加限流电路来减小这种浪涌电流	推荐	
26	继电器线圈的工作电压不能降额设计,使用低于额定值的线圈激励电压会引起触点抖动,从而影响继电器的工作寿命		强制	

序号	检查项内容	示例及说明	范围	修订时间
27	继电器触点上的电压值和电流值应低于规定的额定值,但电压值、电流值不能过度降额,降额太多就会没有足够能量来穿透触点上的氧化层		推荐	
28	钽电容电压降额设计,钽电容的绝缘层非常薄(平均150nm),对过电压和机械应力很敏感,钽电容对电压的降额要求较为严格	钽电容用在一般的电路中,如去抖电路,电压值按降额70%使用。但用在低阻抗电路中,如电源滤波电路,电压值按降额50%使用	强制	
29	钽电容失效易产生明火,有防爆认证要求的产品,慎重选用钽电容		特定	
30	所有的电容都有工作频率范围的限制,在选择电容时应注意电容的谐振频率		提示	
31	在使用电解电容时,要注意电解电容的温度特性。电解电容的使用寿命、绝缘电阻和介质强度随温度升高有较大幅度降低		提示	
32	直流电解电容只能使用在直流电路上,在电路回路中如不清楚线路的极性时,则使用无极性电解电容		强制	
33	通过电解电容的纹波电流不应超过其允许范围,如电路的纹波电流较大,需选用相应能承受纹波电流较大的电解电容		推荐	
34	在满足要求的情况下,尽可能多地选用陶瓷电容,陶瓷电容具有比较好的温度系数,容值变化受环境温度影响较小		提示	
35	电阻用于上拉、下拉或者阻抗匹配的时候,可以不用考虑电阻的功率问题。但如果电阻用在限流的电路上,要考虑电阻的功率	一般情况下电阻功率按50%值降额设计	推荐	
36	在对电阻精度要求非常高的电路中,应选择金属膜电阻		推荐	
37	在高可靠性电路中,最好不要使用可变电阻。可变电阻一般不是气密的,其精度会由于在电装过程中吸入助焊剂、清洗溶剂或防护涂料而发生较大的变化		推荐	
38	小功率电阻代替大功率电阻时,可采用串联或并联的方法	当串联、并联的小功率电阻的阻值不相等时,应计算它们各自分担的功率,使总功率大于原电阻的额定功率	推荐	

续表

序号	检查项内容	示例及说明	范围	修订时间
39	设计三极管控制电路时,在基极上要放置两个电阻,一个是基极限流电阻,另一个电阻把基极上拉到电源或者下拉到地	下拉电阻和上拉电阻作用是在单片机初始化时可能输出电平不确定,在这种情况下把基极下拉到确定的电平,以防止出现误动作	推荐	
40	三极管工作时当集电极电流 ICM 超过额定值时,其电流放大倍数 β 将下降,同时还会导致三极管损坏,应降额使用 ICM 电流值,按 70% 降额使用		推荐	
41	三极管在电路中作为开关控制时,要计算基极电流和集电极电流,确保三极管工作在完全截止或者完全饱和导通状态		推荐	
42	使用三极管时要关注三极管的结电容,由于半导体制造工艺的原因,三极管内部不可避免地会有一定容值的结电容	由于三极管结电容的存在,当输入信号频率达到一定程度时,会使得三极管的放大输出信号出现波形失真	推荐	
43	MOS 管内部有一个寄生二极管,由于这个二极管的存在,MOS 管在开关控制电路中不能被简单地看成是一个开关管,MOS 管在导通后,就类似于一根导线,只具有电阻特性	示例,MOS 管用在充电电路中,充电完成移除电源后,由于 MOS 管的双向导通特性,电池会反向向外部供电。解决方法是在电路中串联一个二极管来防止反向供电	强制	
44	MOS 管多管并联后,由于极间电容和分布电容相应增加,使放大器的高频特性变坏,容易引起放大器的高频寄生振荡。因此并联复合管的数量一般不超过 4 个,而且在每个管子的栅极上串接,防止产生寄生振荡电阻		推荐	
45	对于功率型 MOS 管,要有良好的散热条件,确保壳体温度不超过其额定值		推荐	
46	在小电流场合使用 MOS 管,内阻小压降低,在大电流场合使用三极管	MOS 管内阻很小,大一点的是几十 $m\Omega$,小的只有几 $m\Omega$,比如 $4m\Omega$、$2m\Omega$ 等,而三极管的导通压降几乎不变,一般为 0.3~0.6V	推荐	

续表

序号	检查项内容	示例及说明	范围	修订时间
47	三极管与 MOS 管用来做开关电路时,在控制电压较低的场合使用三极管作为开关管,不能用 MOS 管当开关管	三极管是电流型控制器件,而 MOS 管是电压控制器件,三极管导通所需的控制端的输入电压要求较低,一般 0.4~0.6V 就可以实现三极管的导通,而 MOS 管的导通电压较高	推荐	
48	在使用共模电感时,除了关注其额定电流和额定电压外,还需要根据其阻抗频率曲线来选择,以及注意共模电感的差模阻抗,尤其是用在高速信号的电路中		强制	
49	电感器在工作过程中会发热,若温度过高电感的感值会发生较大的变化,原因是磁性材料的磁导率随温度变化而发生改变。因此在选择功率电感时要考虑电感的温度特性		推荐	
50	电感器在工作时由于有电流流通而在周围产生磁场,其他元件的摆放位置应尽量与电感器互成直角,以减少干扰。若要求较高可考虑用带屏蔽罩的电感		推荐	
51	出于成本考虑,尽量选用无源晶振,无源晶振的信号电平是可变的,比较灵活,只有在精度要求非常高的电路中才选用有源晶振		提示	
52	关注晶振的工作温度,不同厂家晶振温度范围相差较大,当超出温度范围时会导致石英晶体振荡器产生很大的频率漂移,同时也会导致晶振有停止振荡的风险		强制	
53	石英晶振的输出脚须串联电阻,通过改变该电阻可以调节石英晶振激励功率与激励电平	激励功率与激励电平影响晶振运行的可靠性,通常情况下激励电平偏小对晶振长期稳定性有利,激励电平偏大对起振时间有利,通过测量晶振的波形可以判断激励电平是否合理	强制	

序号	检查项内容	示例及说明	范围	修订时间
54	数字逻辑器件的选用,所选择器件的最高工作频率应2倍或者3倍于实际电路的工作频率,工作频率低于5MHz时优先选择CMOS4000系列,工作频率在5~20MHz时可选择54/74HC/HCT系列,工作频率高于20MHz时应选择54/74AC/ACT系列		提示	
55	当CMOS逻辑电路的输出端有大电容负载时,容易引起闩锁,在关断电源或者电源电压下跌时有可能使得输出电压大于供电电压V_{DD},即$V_{OUT}>V_{DD}$,预防闩琐的方法是在输出端串联保护电阻		提示	
56	CMOS电路输入端连接线较长时容易发生闩琐,连接线的电感和分布电容容易引起LC振荡,LC振荡时可能会出现瞬间$V_{IN}>V_{DD}$的情况,解决措施是在输入端串接限流电阻		提示	
57	在选用LDO低压差线性稳压芯片时,需要计算输入与输出之间的压差,当压差大于2V,同时负载电流大于1000mA时,禁止选用LDO器件,否则芯片发热将比较严重		强制	
58	充电芯片对最大充电电流要有严格的限制,充电芯片有相应的引脚来配置,或者是在充电回路上串联电阻来限制最大充电电流		强制	
59	充电芯片应具有锂电池正负极反接保护功能,当锂电池正负极反接于充电芯片输出引脚时,充电芯片应能检测到,使输出端无充电电流输出,去掉电池正确接入后,芯片能自动恢复正常状态。		强制	

2.4　电源与接地检查项

在传统的电子设备中,由于系统工作的频率不高,所使用的元器件也比较简单,电源供电往往只要单路的电源供电,对电源和接地的设计要求不高。当今的电子产品,随着电路的复杂程度越来越大,系统的工作频率越来越高,电源设计不仅需要考虑为元器件提供各种高性能的功率输出,还应包括选择合适的旁路、去耦电容等,以滤除各种干扰信号,保证系统稳定工作。同时,由于电路中使用了大量的高速器件,这些器件内部的高速逻辑反转所产生的地线反弹和电源反弹,也希望通过电源和地线来吸收或屏蔽。因此,电子产品的快速发展对电源和接地提出了非常高的要求,原理图设计时需要对电源和接地的连接做全面考虑,表 2.3 是电源与接地的检查项,供参考。

表 2.3　电源和接地检查项

序号	检查项内容	示例及说明	范围	修订时间
1	电源的输出功率要留足余量,一般要比负载的峰值耗电至少多 20%,以避免发生意想不到的故障	电源输出功率余量不足时,电源会工作在极限状态下,电源的纹波会剧烈上升,达到几百 mV 甚至几 V。因此在确定电源功率之前,要先评估整个电路系统的最大功耗	推荐	
2	认真分析整板电路的电源需求,包括输入电压、输出电压、输出电流、总功耗、转换效率等,以及电源对负载变化的瞬态响应能力和关键器件对电源波动的容忍范围、散热问题等		推荐	
3	线性稳压电路能有效地降低电源纹波的量级,对电压精确度有要求的电路,建议使用线性稳压器件,尽量不要使用开关稳压芯片	在线性稳压电路的输入端和输出端分别并联电解电容器和陶瓷电容,大小电容组合使用,以保证电源的高频响应能力	强制	
4	每款 DC-DC 芯片的转换效率与输入输出压差、输出功率有关,压差越小转换效率越高,设计时先估算总体功耗,然后对应系统的额定功耗,选择在该额定电流值允许的情况下输出效率最大的一款 DC-DC 芯片		推荐	
5	在超过 1000mA 的 DC-DC 电源电路中,建议使用低热阻的电源 IC		推荐	
6	在纹波要求严格的 DC-DC 电源电路中,选用开关频率高的 DC-DC 稳压芯片,DC-DC 芯片的开关频率越高,其产生的电源纹波越小,纹波也越容易被控制		推荐	
7	在 PCB 空间非常有限的电源电路中,尽量选择开关频率高的 DC-DC 电源芯片,DC-DC 芯片的工作频率越高,就越有可能使用小电感值的电感,小电感值的电感不仅体积小,其直流电阻也较小,从而发热量也小		推荐	

序号	检查项内容	示例及说明	范围	修订时间
8	在评估电源噪声时要留有一定的余量,电源噪声最终会影响到信号质量,而信号上的噪声来源不仅是电源噪声,反射、串扰等干扰也会在信号上叠加噪声		推荐	
9	LDO 最大输出电流按照 70% 原则降额,如电路总消耗电流是 140mA,那么选用的 LDO 最大输出电流为 200mA		推荐	
10	LDO 器件散热与功耗,功耗＝(输入电压－输出电压)×工作电流,按照 50% 降额原则选择 LDO 封装,达不到的情况下应考虑用 PCB 散热或者安装散热片		推荐	
11	在用电池供电的电路中,要选用较低静态电流的 LDO 以提升产品的待机时间,静态电流指的是 LDO 器件工作时自身所消耗的电流		推荐	
12	参考 LDO 规格书要求,选用合适的输入端电容和输出端电容,输入端电容和输出端电容的容值过小,可能会造成输出电压不稳或者电压纹波比较大		推荐	
13	数字电路容易产生干扰噪声,在规划数字地布局时要尽量减小地线的阻抗,一般可以将接地线做成闭环回路以缩小地线上的电位差。而对频率变化较低的模拟信号来说,考虑更多的是避免回路电流之间的互相干扰,不能接成闭环回路		提示	
14	在接地设计中尽量保证所有地平面等电位,避免出现偶极天线效应,同类地之间需要增加多个过孔紧密相连,而不同地之间的连接线要尽量短	如果系统存在两个不同的地平面,再通过较长的线相连的时候就可能形成一个偶极天线,偶极天线的辐射能力大小与线的长度、流过的电流大小以及频率成正比	提示	
15	雷击浪涌地、安全地的电流一般会远大于信号地电流对人的危害,这两个接地建议分别单独接到大地,在真正的大地处单点相接,尤其是防雷击接地		推荐	

序号	检查项内容	示例及说明	范围	修订时间
16	尽量减少共地阻抗耦合干扰,在地线网络设计时,把安全保护地、数字地、模拟地、功率地、雷击浪涌地、屏蔽地先独立连接。在系统联调的时候,再根据测试结果和要解决的问题,按照不同的方式进行连接		推荐	
17	在既有高频又有低频的电路中,单点或者多点接地无法满足接地要求时,建议使用混合接地。按接地特性进行分组,相互不会产生干扰的电路放在一组	同组内的电路采用串联单点接地,不同组的电路采用并联单点接地。这样,既解决了公共阻抗耦合的问题,又避免了地线过多的问题	推荐	
18	在电源整流电路中,滤波电容用来滤除交流成分使直流输出更平滑,容值大的电容由于使用多层卷绕的方式制作,体积大,对高频信号阻抗也大,高频性能不好,建议采用大、中、小三种不同容值的电容针对不同频率进行滤波		推荐	
19	整板的滤波电容均匀分配,当耗电增大时会导致电源电压降低,会产生噪声、振铃等现象,如果有电容的存在,电容会把储存的电能释放出来稳定电压		提示	
20	电源输入端电容的选择,从理论上讲电源输出端的滤波电容越大越好,但要考虑在电源接通的瞬间,电路中电容所产生的冲击电流,需要用电流表探头测量上电时的瞬间电流		强制	
21	电源芯片输出端电容的选择主要考虑电源的输出纹波噪音和容性负载,同时也需要考虑电源的启动能力和承受输入冲击电流的能力		提示	
22	热拔插系统的子板电源设计,子板电源要有缓启动电路(如电压很低,容性负载小的电源可以不做缓启动设计),电源缓启动场效应管应选择适当,须考虑热插拔过程冲击电流和冲击功率对场效应管的影响,应进行较大余量的降额设计		提示	
23	对电源模块的并联使用需要区别对待,模块内部实现了并联功能的,可以并联使用。对于模块内部没有并联功能的模块,在并联时需要考虑电流反灌等因素		推荐	

续表

序号	检查项内容	示例及说明	范围	修订时间
24	芯片锁相环的供电电路或模拟电路的供电电路,电源引脚按芯片要求做滤波处理,同时其地线与数字地分开,在原理图上用磁珠进行单点连接		推荐	
25	LDO 输出端滤波电容尽量选用 ESR 低的电容,ESR 值影响了电容的滤波效果,电容的电路模型是等效串联电阻 ESR 和电容的串联,如果电容的 ESR 值较大,在对电容进行充电放电的时候会导致电容上的电压突变,产生较大的纹波电压。另外电容的 ESR 越大,意味着电阻产生的热量越多,会严重影响电容的寿命		推荐	
26	电容用在高频滤波电路中,要考虑电容的 ESL 值,大容量电容由于制作工艺的问题,使用多层卷绕的方式制作,体积一般也比较大,ESL 也比较大,小容量电容由于容量小,体积可以做得很小,ESL 也比较小		推荐	
27	功率较大的升压电源电路须增加一个保险管以防止负载短路时,电源直通到地而导致整个单板电源掉电。保险管的额定电流大小由模块的最大输出电流或者负载最大电流而定	示例见注1	提示	
28	当输入输出的压差较大或者电流较大时,建议采用开关电源,如同时对纹波要求也非常高,可以采用开关电源和 LDO 串联使用的方法	示例见注2	推荐	
29	多个控制芯片配合工作时,必须在最慢器件上电后并完成初始化后才开始软件控制操作	某些驱动器具有上电3态功能,即使 OE 端被下拉到地,也需要等到电源电压上升到一定阈值才会脱离高阻态	强制	
30	单板的电源引出接口,需添加限流保护电路,或者使用的电压转换芯片具有过流和负载短路保护功能,避免外部负载短路造成单板损坏		强制	

续表

序号	检查项内容	示例及说明	范围	修订时间
31	无论是采用何种电源滤波电路,都需要考虑负载电流在滤波电路中的压降。电源滤波电路建议优选磁珠,然后才是电感,电感的 Q 值较高容易发生谐振,而磁珠在高频情况下是电阻特性,不容易发生谐振。成本方面,磁珠加工精度较低,相比电感,磁珠价格相对便宜		推荐	
32	电源防反接电路,回路电流较小时,可以直接在回路串联二极管。当回路电流较大时,应采用并联 NMOS 管或者并联二极管的方式		提示	

注 1

升压电路的拓扑结构图如图 2.1 所示。当 Q1 导通时两端电阻很小,电源电压加在 L1 两端,电能转化为磁场存储在 L1 中,此时 D1 截止,避免 C1 上的电压向 Q1 流动。当 Q1 关断时,L1 中的电流不能突

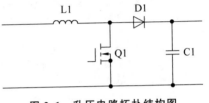

图 2.1 升压电路拓扑结构图

变,电源和 L1 一起通过 D1 向 C0 充电并向负载供电,得到一个高于输入电压的输出电压。

由拓扑结构图可以看出,我们不能通过控制 Q1 的通断来切断输入和输出之间的通路或者控制输出电流。当输出端电源短路时,输入电源通过 L1 和 D1 直接短路到地,导致的结果将是 L1 或者 D1 烧毁且失效模式为开路。在 L1 或者 D1 烧毁之前,单板电源处于短路状态,如果 L1 和 D1 电流降额较大,可能导致单板电源保护而不能上电。为了避免上述问题,建议为升压电源添加一个保险管防止负载短路,保险管的大小依照模块的最大输出电流或者负载的最大电流而定。

注 2

采用线性电源可以得到较低的噪声,且电路简单、成本低,高精度处理器的内核电源、射频时钟的模拟电源尽量使用线性稳压电路。线性电源的原理如图 2.2 所示,稳压过程是先对输出电压进行采样,采样电压与参考电源(参考电源一般由精密晶体管带隙基准源或者齐纳二极管提供)进行减法运算,差值经过放大后控制调整管上的电压降 Vdrop＝Voutput－Vinput,使得当 Vinput 变化或者负载电流变化导致 Voutput 变化时,通过 Vdrop 的变化保证 Voutput 的稳定。

线性电源虽然可以有较低的噪声,但要考虑器件的散热要求,尤其是输入输出压差较大时,需进行功率和散热的计算。以一款 TO-263 封装的 LDO 来举例说明,当 LDO 的输入电压为 3.3V、输出电压为 1.2V、负载电流为 1.5A 时,计算电路功率和评估芯片的散热要求。使用线性电源时,电源功率的计算不能使用负载

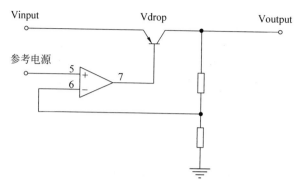

图 2.2 线性电源的基本原理

电压和电流的乘积来计算,应采用输入电压和负载电流的乘积来计算。经过计算,负载上消耗的功率是 1.8W,线性稳压芯片上承担了 2.1V 压降,线性稳压芯片消耗的功率是 3.15W,整个回路消耗的功率是 4.95W。关于芯片的散热要求,TO-263 封装的热阻约为 40℃/W,按 3.15W 功率计算。如果不采取任何散热措施,温升能够达到 120℃左右,因此在使用线性稳压芯片时需通过计算或者热仿真来确定芯片的散热措施。

2.5 总线接口电路检查项

总线接口是一组导线和相关的控制、驱动电路的集合。总线的作用是进行数据交换,用于将两个或两个以上的部件连接起来,使它们之间可以进行通信。电路中有各式各样的总线,按功能可分为数据总线、地址总线、控制总线。按层次结构可分为内部总线、系统总线和外部总线,常用的内部总线有 I^2C 总线、SPI 总线;常用的系统总线有 PCI 总线、VESA 总线、EISA 总线、ISA 总线等;外部总线有 RS-232 总线、RS-485 总线、USB 总线等。表 2.4 是总线接口电路检查项,供参考。

表 2.4 总线接口电路检查项

序号	检查项内容	示例及说明	范围	修订时间
1	如果处理器没有硬件的 I^2C 总线、SPI 总线接口,需要用软件模拟或者 EPLD 模拟时,应考虑总线的通信速率和需要频繁操作的频次,当操作频繁且速率较高时,要用硬件实现		强制	
2	存储器并行的地址总线和数据总线不要连接到其他的子板上,尽量在板内走线,否则将带来严重的电磁兼容性问题		推荐	

续表

序号	检查项内容	示例及说明	范围	修订时间
3	RS-232 串行总线接收端易受发射端信号干扰,特别是在串口线缆较长并且接收端悬空的时候,容易导致收发数据丢失。解决方法是在接收端接一个电阻到地,电阻的阻值根据实际情况测试,一般选 2kΩ 的电阻		推荐	
4	RS-232 接口使用 TXD 和 RXD 两条数据线无法实现的硬件流控功能,在做大量数据传输时,建议使用 5 线或 9 线的连接方式		提示	
5	SPI 总线的 CLK、MISO 和 MOSI 信号线,要增加滤波电路,滤波电路靠近其发送端		推荐	
6	如果总线上的负载较多,要考虑总线的驱动能力,负载越多负载电容就越大,负载电容增大后可能会导致信号电压下降和时序延迟问题		提示	
7	PCI 总线电路设计时,FRAME♯、TRDY♯、IRDY♯、DEVSEL♯、STOP♯、SERR♯、PERR♯、LOCK♯、INTx♯、REQ64♯和 ACK64♯ 等中断信号和控制信号要考虑增加上拉电阻,上拉电阻的阻值要依照负载情况而定		强制	
8	PCI 总线的拓扑结构可以是菊花链等方式的拓扑结构,选择什么样的拓扑结构需要根据系统的布局和仿真结果来确定		推荐	
9	I^2C 接口的 SCL、SDA 信号需增加上拉电阻,上拉电阻可以是 2.2kΩ、4.7kΩ 等阻值,根据负载来选择上拉电阻的阻值,上拉电阻与总线的电容形成了 RC,高速通信时有可能影响速度,当还没有充电到足以保证器件可以识别高电平的阈值时,主器件就以为完成了一个总线动作,那么通信将不能进行		推荐	
10	LVDS 的差分接收芯片是否已考虑 Failsafe 功能,尽量选用带 Failsafe 功能的控制芯片,如果该芯片不带 Failsafe 功能,需要在差分信号上增加电阻	差分线的 Failsafe 功能包括驱动器断电、驱动器未连接等异常情况,当出现异常情况时元器件不会损坏,以及可以避免时序不满足要求而导致状态跑飞等故障	推荐	

续表

序号	检查项内容	示例及说明	范围	修订时间
11	LVDS 总线需注意传输线的阻抗匹配,既要根据接收器输入端的情况来确定是否需要外接 100Ω 终接电阻,又要根据 PCB 的板材和走线长度确定输出阻抗,使其阻抗在 90～107Ω		推荐	
12	根据数据传输速率来确定 LVDS 总线的电缆长度是否满足系统要求,LVDS 双绞线长度不宜超过 5m,当传输线在 5m 时,其传输速率不能超过 400Mbps		推荐	
13	在 RS-485 总线电路中,是否对传输线进行终端匹配取决于 RS-485 接口通信速率。一般情况下,低速短距离可以不进行终端匹配,当传输速率超过 1Mbps 时要进行终端匹配		推荐	
14	RS-485 总线驱动器要选择有内部开路失效保护的接口芯片,否则容易出现数据错误。原因是 RS-485 总线驱动器大多数时间处于非活动状态,这个状态称为总线空闲状态。当驱动器处于空闲状态时,驱动器输出高阻态(不确定是高电平还是低电平),这可能会造成接收器数据识别错误		推荐	
15	影响 USB 总线工作稳定性的主要因素分别是时钟信号不稳定和 USB 信号受干扰,电路设计和 PCB 布线时要充分考虑时钟信号的稳定性,避免 USB 信号受到干扰		提示	
16	USB 接口的静电防护器件靠近接口位置放置,USB 2.0 接口选取的 ESD 器件,其结电容应在 7pF 以下,USB 3.0 选取的 ESD 器件其结电容应在 4pF 以下,如果 ESD 器件结电容过大,可能会对 USB 信号质量产生影响		强制	
17	CAN 总线的隔离设计,光电隔离电路虽然能增强系统的抗干扰能力,但也会增加信号的传输延迟时间,导致传输距离变短。82C250 等 CAN 总线芯片本身具备瞬间抗干扰能力,以及具有电流限制保护电路和实现热防护的能力。因此,如果对信号的传输延迟时间要求非常严格,可以不用光电隔离电路,以使总线得到较好的通信性能,同时也可以简化接口电路	如果产品应用环境需要光电隔离,应选用高速光电隔离器件,以减少 CAN 总线的传输延迟时间。如选用高速光电耦合器 6N137,其传输延迟时间接近 TTL 电路	推荐	

续表

序号	检查项内容	示例及说明	范围	修订时间
18	为提高 CAN 总线接口电路的抗干扰能力,在 CAN 总线的 CANH、CANL 端与地之间并联两个 30pF 的小电容,另外如果 CAN 接口布线较为复杂,需在 CANH、CANL 信号上串联 3Ω 的电阻,以保护总线免受浪涌冲击		推荐	
19	对可编程器件(如 XILINX 的 XC4000 系列)的 JTAG 总线接口,原则上只用来做测试,不要复用为一般的 I/O 口,否则会给生产测试带来不便	为了提高系统的可测试性,芯片的 JTAG 总线引脚禁止直接与电源或者地相连,需连接电阻后再与电源或者地相连	推荐	
20	对符合 IEEE STD1149.1 的 JTAG 总线,其 5 个引脚要进行配置,TDI 引脚建议上拉,上拉电阻为 4.7kΩ;TDO 引脚不需要上拉或者下拉;TMS 引脚需上拉,上拉电阻可以参考芯片数据手册,如果器件手册没有指明,一般选取 4.7kΩ;TCK 引脚下拉,一般用 4.7kΩ 的下拉电阻;TRST 引脚需下拉			
21	ISA 总线接口可以用来扩充存储器,也可以扩充 I/O 设备,当设计成非 DMA 方式的 I/O 接口时,应把 AEN(地址允许信号)设为低电平,作为该接口工作的使能条件,否则 DMA 总线工作时发出的地址与该接口设计地址相同,导致误操作	尽量少用 ISA 总线,ISA 总线的缺点是占用 CPU 的资源太高,且数据传输带宽小,ISA 总线已经逐步被淘汰	推荐	
22	SATA 接口是高速串行总线,在 4 条数据线上可得到比并行 16 条数据线还要高的数据传输率,在硬件逻辑层上减少了协议层次,接口协议借鉴了 TCP/IP 模型的组织方式等概念。软件算法精简协议的内容和算法具有复杂性,SATA 总线采用帧作为基本传输单元,支持多种类型传输模式,最大长度达 8192 字节的帧传输。由于 SATA 总线传输速率非常高,电路上不能增加多余的滤波电路。SATA 总线 PCB 布线也必须严格按照差分、等长要求,两组差分线间距按 5W 的要求走线,信号的参考地平面需连续,SATA 走线总长度不能超过 1000mils	一个 SATA 总线接口只能接一个 SATA 设备,SATA 接口不像 EIDE 等接口,总线上可以插两个以上的设备	推荐	

2.6　引脚处理检查项

一般说来,不管是被使用的元器件引脚还是没有被使用的元器件引脚,只要其信号在一段时间内有可能处于无驱动状态就需要处理。比如说一个 CMOS 器件的引脚,引脚输入端阻抗很高,没有在悬空状况下处理就很容易受到干扰,如果干扰电平足够大将导致器件击穿或者发生闩锁现象。又比如总线的引脚,当总线连接的所有元器件都处于高阻态时,也很容易受到干扰。

引脚是上拉还是下拉,是否需要连接外围器件,要看实际电路的需求。一方面器件数据手册会指明引脚的连接要求;另一方面要根据电路原理来判断。如总线上有两个外围器件,使能控制都是高电平有效,那么最好下拉,否则当控制信号没有建立的时候就会出现两个外围器件使能冲突,可能烧毁芯片。表 2.5 是引脚处理检查项,供参考。

表 2.5　引脚处理检查项

序号	检查项内容	示例及说明	范围	修订时间
1	芯片引脚上拉或者下拉请参考芯片数据手册中的推荐设计,具体上拉和下拉的电阻值需结合产品功耗要求以及信号质量的测试结果共同确定		强制	
2	在集电极开路门电路和漏极开路门电路中,上拉电阻值不能太小,否则功耗会很大,上拉电阻的阻值一般不能小于 $4.7k\Omega$		强制	
3	在上升沿要求较快的电路中,上拉电阻不能太大,原因是负载一般都有电容存在,挂的负载越多电容越大。当电平由高到低跳变时,电容的放电通过输出端下拉的 MOS 管或者晶体管驱动,速度非常快。但是由低到高跳变的时候,就需要通过上拉电阻来完成,上拉电阻比 MOS 管或者晶体管导通电阻大了几百倍,在负载电容不变的条件下,时间常数相应增加了同样的倍数,上升时间比下降时间慢了很多		推荐	
4	大多数具备逻辑控制功能的芯片(如单片机、FPGA、接口控制芯片等)的引脚,其内部都集成上拉或下拉电阻,用户可根据需要选择是否打开。但需要注意芯片内部集成的上下拉电阻通常都是弱拉(电阻比较大),弱拉时抵抗外部噪声的能力较差。如果要提高端口抗干扰能力,需要在外部增加上拉或者下拉电阻	当外部有上拉电阻或者下拉电阻时,软件上需配置好内部电阻,避免出现内部上拉,外部下拉或者是内部下拉,外部上拉的情况	强制	

续表

序号	检查项内容	示例及说明	范围	修订时间
5	在实际应用中,没有特别要求的情况下,可使用 10kΩ 阻值的上拉电阻或者下拉电阻		推荐	
6	外围芯片的复位引脚要做到软件可控,复位引脚连接到其主处理器的 GPIO 口,在外围芯片出现短暂故障时,主处理器可以通过复位让其恢复正常工作		强制	
7	所有驱动芯片的使能引脚 OE 不能直接接地或电源,以方便在测试时分析驱动芯片不同模式下的功耗		强制	
8	出不同配置 BOM 清单时要确保引脚处理恰当,删除的功能电路不能影响没有删除电路的引脚电平配置		强制	
9	COMS 集成电路,为了防止外部干扰信号入侵,不用的引脚不能悬空,需拉到固定电平或者是设置成输出引脚	悬空时输入阻抗高,易受外界噪声干扰,使电路产生误动作,而且也极易引起栅极感应静电被击穿	推荐	
10	有源晶振、时钟驱动芯片的电源引脚要有滤波电路,滤波电路由磁珠和大中小的滤波电容组成	示例见注 3	推荐	
11	使用芯片引脚的内部上拉或下拉电阻时,需要考虑和该引脚连接的芯片或模块引脚内部,是否存在上拉和下拉电阻,避免出现冲突		强制	
12	一般来说单片机的灌电流能力要大于拉电流能力,在用单片机的 GPIO 口直接控制 LED 灯时,建议使用输出低电平有效的方式来点亮 LED 灯		推荐	
13	处理器的信号引脚不能直接接电源或地,除非芯片有特殊要求。信号引脚接上拉电阻或下拉电阻后,有必要测量一下加上电阻之后的引脚最终电压,当芯片内部有电阻,而且阻值不是很大的时候,外部电阻的阻值对电压有较大的影响		推荐	

续表

序号	检查项内容	示例及说明	范围	修订时间
14	避免使用一个排阻同时用作信号上拉和下拉。在高密度 PCB 的设计中,设计者为了节省器件,采用 1 个排阻,其中部分电阻对信号进行上拉,部分电阻对信号进行下拉。这样在加工过程中排阻焊接容易产生搭锡短路,发生搭锡后很可能会导致电源和地之间的短路。另外在测试过程中,测量时示波器探头易导致排阻相邻引脚短路而造成探头烧坏或单板损坏		强制	
15	对有背板输出接口的单板来说,应该避免在背板上电未完成前就对背板有输出,以防止出现系统异常或者总线冲突		强制	
16	对冗余器件悬空引脚进行处理时,应考虑测试时的需要,多个器件不应共同使用公用的复位信号、控制信号或使能信号		提示	

注 3

某产品在整机辐射发射摸底测试的过程中,528MHz 频点辐射发射场强较高,超过 GB9254 B 级限值要求,辐射骚扰峰值曲线如图 2.3 所示。

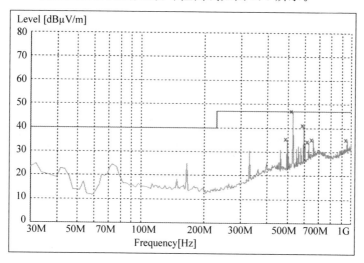

图 2.3 辐射骚扰峰值曲线

对单板上的时钟频率进行了分析,单板上有一颗时钟驱动芯片 PI49FCT3805,输入的频率是 33MHz,528MHz 正好是 33MHz 时钟的 16 倍,初步确定该时钟为干扰源。PI49FCT3805 的电路原理图如图 2.4 所示。

从辐射骚扰峰值曲线来看,超标点不在 33MHz 的附近,辐射超标有可能存在两方面的原因。一是时钟驱动芯片 PI49FCT3805 的电源滤波不够,导致时钟的干

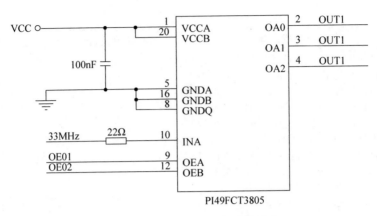

图 2.4　PI49FCT3805 电路原理图

扰电流进入电源平面;二是电源平面与地平面存在谐振,导致电源内层的干扰耦合进入地平面,PCB 的整板地存在较大噪声,并在地层的阻抗处产生了信号反射,将能量向外辐射。

　　针对这两方面可能的原因,再结合图 2.4 进行分析。时钟驱动芯片 PI49FCT3805 的电源滤波电路有可能存在一定缺陷,该芯片的 3.3V 电源上只用了一颗 $0.1\mu F$ 的滤波电容。用仪器测量 PI49FCT3805 芯片 20 引脚的电压,经过傅里叶的频谱如图 2.5 所示,由图可见该电源中存在 33MHz 时钟频率及其各次谐波分量。

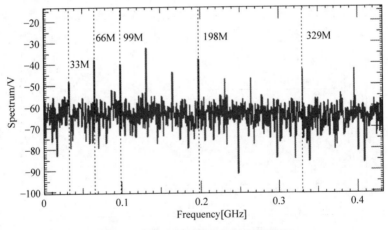

图 2.5　PI49FCT3805 电源电压频谱图

　　解决方案,改进时钟驱动芯片 PI49FCT3805 的电源滤波电路,以减少流入电源平面的干扰电流。在电源上增加磁珠,磁珠的阻抗参数为 120Ω,是在 100MHz 频点时的值,同时增加大容值的滤波电容和小容值的去耦电容,电容值分别为 $10\mu F$、100pF。磁珠是 EMC 设计中经常用到的器件,磁珠由铁氧体材料制成,可以直接吸收高频噪声并将其转化为热能释放,时钟驱动芯片电源通过磁珠再接入电源平面,可以隔离时钟电路瞬态电流对电源平面的冲击。另外增加的滤波电容和去耦电容,相当于滤波电路在高频、中频、低频范围内都能起到较好的滤波作用。修改后的电路如图 2.6 所示,电路修改后,经过验证测试,超标的频率点已消除。

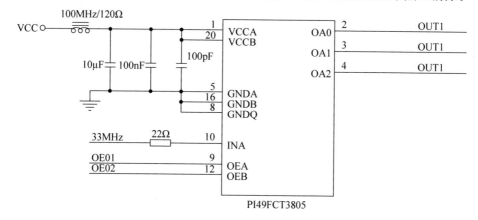

图 2.6 修改后的 PI49FCT3805 电源滤波电路

2.7 时钟电路检查项

时钟电路是微型计算机的心脏,CPU 就是通过复杂的时序电路来完成不同的指令操作,若时钟电路不运作,那么整个系统也就瘫痪了。CPU 时钟信号的生产有两种方式:一种是内部方式,利用芯片内部的振荡电路产生时钟信号;另一种为外部方式,时钟信号由外部电路产生并引入。时钟电路具有频率精准度高、时序要求严格等特点,表 2.6 是时钟电路检查项,供参考。

表 2.6 时钟电路检查项

序号	检查项内容	示例及说明	范围	修订时间
1	负载电容影响晶振频率稳定性,晶振的负载电容是从石英晶振元件两脚向振荡电路方向看进去的所有有效电容	负载电容包括了 PCB 上的寄生电容,通过微调负载电容,可以将振荡电路的工作频率调整到标称值	强制	
2	单板 40MHz 以上的时钟驱动器件未使用的输出引脚,该引脚需下拉到地平面。如果时钟驱动器输出引脚悬空,有可能会引起辐射的增强,添加下拉电阻到地可以减少输出引脚电流的高频谐波分量		强制	

续表

序号	检查项内容	示例及说明	范围	修订时间
3	时钟芯片的电源处理直接关系到系统时钟的性能和整机 EMI 指标。对于时钟驱动器的电源走线,比较好的方法是直接通过过孔就近将电源连接到电源平面,充分利用平面电容和电源去耦得到良好的电源,同时对电源引脚要增加滤波电路		强制	
4	当时钟驱动器的多个输出引脚接下拉电阻时,推荐使用分立电阻,禁止使用排阻。因为涉及到功耗和 EMI 等多种问题,实际应用中可能存在焊接和不焊接两种情况		强制	
5	时钟信号布局需进行拓扑结构规划和合理的端接,以确保时钟信号质量符合要求	示例见注 4	推荐	
6	当总线接口或器件对时钟网络布线有明确要求时,依照要求执行,如 DDR、QDR 总线,对时钟信号有严格的约束条件,时钟信号需按约束条件布局		强制	
7	尽量避免使用多通道输入时钟驱动器驱动不同的时钟负载,采用多通道时钟驱动器驱动多路时钟时,各路时钟之间会发生相互干扰。一方面是由于容性或者感性耦合相互干扰,另一方面是因为电源和地的噪声扰动导致相互干扰。当一路时钟发生切换时瞬态电流比较大,有可能会在地引脚或者电源引脚上产生压降,造成芯片的参考电位波动或产生较大噪声纹波	如果因为 PCB 空间、器件成本等原因,必须采用多通道时钟驱动器时,要特别注意驱动器芯片的接地和其电源的滤波,以及时钟输出信号的走线。器件的接地引脚应就近直接连接地平面,电源需要单独去耦和滤波,时钟走线距离适当拉开避免相互干扰	推荐	

序号	检查项内容	示例及说明	范围	修订时间
8	板内传输的时钟信号,在依赖增加滤波电路来解决信号质量问题的同时,也需要通过良好的拓扑布局设计来避免信号完整性和电磁兼容性问题。增加滤波电路只能解决单路的时钟信号质量,不能解决总体时钟树的信号完整性问题		推荐	
9	在子板与母板间传输的时钟,应保证子板不在位时,时钟信号不能悬空。时钟信号的驱动端在母板时,采用源端串阻匹配;时钟信号驱动端在子板时,采用终端电阻匹配,或者在子板上采用远端匹配。同时在母板上或者子板上通过下拉电阻把时钟信号下拉到地,确保当子板不插接时,时钟信号不会悬空		强制	
10	在组合逻辑的电路中经常用到门控时钟,用一个与门来控制时钟的输出。在门电路没有时钟输出时,时钟信号仍处于工作状态,仍需要关注时钟电路的信号完整性		提示	
11	在同步通信的电路中,系统时序的基本要求是在下一个时钟周期到达之前,前一个数据能够被稳定地读取或写入。如果时钟信号周期出现偏差,由于时钟源等问题,应适当降低数据传输带宽以满足通信的稳定性,按经验值,时钟周期的偏差大于100ppm时需降低通信带宽		提示	

续表

序号	检查项内容	示例及说明	范围	修订时间
12	在异步通信的过程中,时钟抖动会造成数据错误,当时钟抖动时间大于时钟周期的10%,需仔细分析其原因。时钟抖动与时钟发生器、PLL电路和PCB走线有较大关系,如时钟抖动不可避免,应降低通信带宽	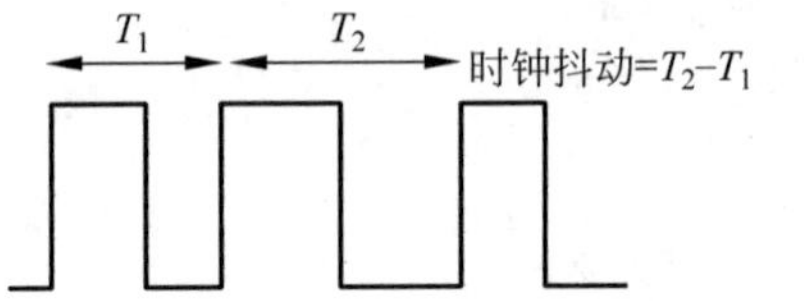 T_1　T_2　时钟抖动=T_2-T_1	提示	
13	当使用高速时钟缓冲器或锁相环时,尽量使元器件各路的输出阻抗相等,输出阻抗由直流电阻、传输电感、传输电容组成。如果输出阻抗不均衡,时间常数也将不同,会造成较大的传送延时	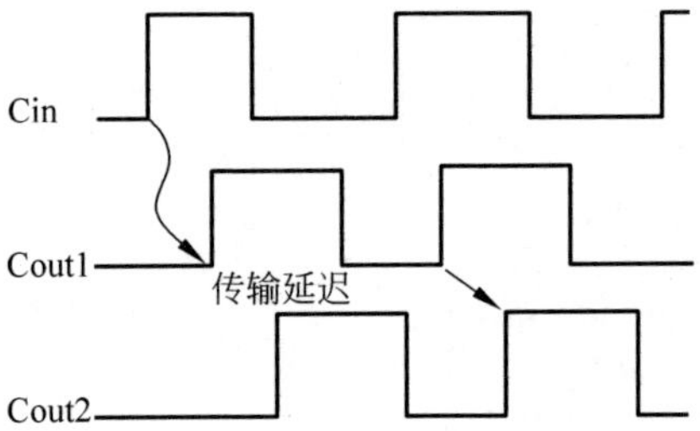 Cin　Cout1　传输延迟　Cout2	提示	
14	在有睡眠唤醒的系统中,石英晶体的选择非常重要,应选择激励功率较小的石英晶体。电路在上电时往往有足够的功率很容易建立振荡,但在睡眠唤醒时,电路的驱动功率要比上电时小得多,容易出现不起振的现象		推荐	
15	单片机的内部晶振源不够精准,只有在对频率精度要求不高的情况下才使用,尽量使用外部晶振,外部晶振受温度、湿度等环境因素影响较小		推荐	

注4

　　时钟信号最常用的拓扑结构和端接方式是点对点传输、源端端接,推荐采用这种方式,这种方式电路结构简单,很容易在接收端得到一个非常好的波形。连接方式如图2.7所示,其中的电阻需根据仿真或信号质量测试结果来确定其阻值。

　　如果一个驱动信号需要驱动多个负载时,可采用图2.8所示的连接方式,类似于点对点的传送,同样其中的电阻要根据仿真或信号质量测试结果来确定其阻值。

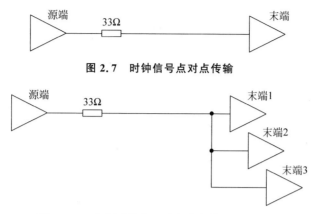

图 2.7 时钟信号点对点传输

图 2.8 一个驱动信号驱动多个负载的端接方式

如果时钟驱动信号的源端与末端在 PCB 上的距离较远,可采用图 2.9 的 T 形源端端接方式,该端接方式会对波形的上升沿、下降沿产生一定影响,但从总体上能够改善信号完整性问题和 EMI 问题。该方案需要 3 个元件实现端接,元件参数值应通过仿真或者具体测试来确定。

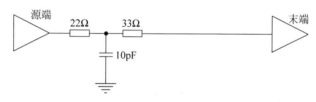

图 2.9 T 形源端端接方式

当两个时钟驱动负载不对称,同时在 PCB 上的走线长度也相差较大时,可以采取如图 2.10 所示的拓扑连接方式,这种连接方式的优点是隔离性比较好。

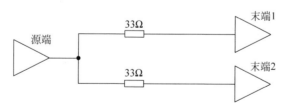

图 2.10 两个负载不对称的拓扑连接方式

2.8 通用技术检查项

原理图的通用技术检查项是指针对原理图常用设计项的检查,检查项内容主要涉及电路的合理性、元器件参数的选取和硬件资源的分配等方面,通用技术检查项见表 2.7,供参考。

表 2.7 原理图通用技术检查项

序号	检查项内容	示例及说明	范围	修订时间
1	CPU 的启动配置符合设计要求,能灵活配置,采用上拉下拉电阻选焊的方式		强制	
2	关于复位电路的设计,复位信号宽度、复位信号电平需满足元器件要求和电路要求,复位信号禁止串联使用。一般情况,复位芯片输出复位信号给主处理器复位,主处理器再复位外围器件		推荐	
3	外设与 CPU 的等待方式,对于某些慢速器件或者后来上电的模块电路,CPU 控制该部分电路时,需要一定的等待时间		推荐	
4	区分工作接地和保护接地,工作接地即为直流接地,是电路中的参考零电位,为电路提供电流回路。保护接地是指非正常带电部分的接地,无须提供信号回路。如果要将工作接地和保护接地接为一体,要进行产品整机静电性能等方面的测试		推荐	
5	电路的接口电平应该匹配,确定其高电平和低电平符合元器件的电平阈值要求		推荐	
6	相同功能的模块电路,如无特殊要求应采用相同的电路和选用相同的元器件		强制	
7	电解电容的耐压值和工作温度范围需满足规定的降额设计要求,当电容用在工作温度较高的场合时,应适当提升其降额等级		推荐	
8	对于接口电平较低的处理器,即使接口有较好的驱动能力,也不能直接用来驱动发光二极管。因为其电平值可能满足不了发光二极管的正向导通压降,对普通的贴片发光二极管来说,红色和黄色的是 2V 左右的导通压降,蓝色、绿色、白色的是 3V 左右的导通压降		推荐	
9	面板 LED 指示灯和板内 LED 指示灯的驱动电流要分别对待,板内的指示灯仅用于调试或者故障指示,应尽量减少其驱动电流。面板的指示灯要保证有较好的亮度,其驱动电流按器件额定值来设定。另外,不同颜色的 LED 灯在相同亮度的情况下对驱动电流的要求不一样,不同颜色的 LED 灯需使用不同的限流电阻		推荐	

序号	检查项内容	示例及说明	范围	修订时间
10	继电器线圈、马达电机绕组等感性负载需增加续流二极管电路,以便电路断开瞬间,电感产生的高电压通过电源端释放		强制	
11	在继电器电路的设计中,应尽量让继电器长期处于释放状态,以减小功耗和减小线圈温升,以及延长继电器的使用寿命		推荐	
12	板内的按键、跳线、拨码开关的防静电设计,建议使用串联电阻的方式,只有对外接口才使用 ESD 防护器件,以节省电路成本		推荐	
13	集成运放作为放大器使用时,其同相输入和反相输入端的输入等效电阻要一致,以减小输入偏置电流和误差电流引起的误差		推荐	
14	ADC、DAC 转换电路如果使用芯片内部电压作为基准电压时,应注意基准电压的精度和稳定性		推荐	
15	单板上如有多个处理器和高速器件,并且各处理器和高速器件对时钟同相工作无要求时,各器件的时钟相位尽量错开,以减少同时动作的逻辑门数量,降低瞬态工作电流,从而可以有效降低单板或系统的 EMI		推荐	
16	非变压器隔离的差分信号,例如 RS-485、LVDS 等差分信号,发送和接收侧需采用相同的参考地		强制	
17	元器件或模块对散热器接地有明确要求时,散热器需按要求接地		推荐	
18	LDO 等芯片的散热体如果是接在电源引脚上时,与之接触的散热器应该有多点接到该电源上		推荐	
19	产品如有金属壳体且人手能触及到,同时产品内部有超过人体安全的电压,其金属壳体应进行保护接地		强制	
20	模拟地是模拟电路零电位的公共基准地线,由于模拟电路既承担小信号的处理,又承担大信号的功率处理,模拟电路很容易受到干扰。因此应尽量减小模拟地线的导线电阻,将电路中的模拟地和数字地适当分开,通过电感或磁珠滤波后汇接到一起		推荐	

续表

序号	检查项内容	示例及说明	范围	修订时间
21	数字地是数字电路零电位的公共基准地线,数字电路工作在脉冲状态,当数字脉冲的前后沿较陡或频率较高时,会在电源系统中产生比较大的毛刺。因此应尽量将电路中数字地与其他参考地分开		推荐	
22	注意悬浮地的静电积累,悬浮地是系统中部分电路的地,与整个系统的地不直接连接,而是通过变压器耦合等方式与系统地连接,处于悬浮状态		提示	
23	功率地是电路中大功率驱动电路的零电位公共基准地,功率驱动电路的电流较强、电压较高,功率地线上的干扰较大。因此功率地需与其他直流电路的地分别布线,以保证整个系统电源的稳定性		推荐	
24	针对敏感电路,设计时应进行容限分析,以确认元器件参数符合电路设计要求。我们日常学习到的各种元器件知识很多都是基于元器件的理想模型。而实际上,元器件存在太多的不完美,不少元器件都具有环境特性约束条件,元器件所标注的标称值会随着温度、电应力、老化、潮湿、振动等因素影响在一个较大范围内变化。例如电容,随着温度的变化,其容量、ESR等参数都会有很大的变化,电容的容量变化范围最多可达容量的70%		推荐	
25	熔丝降额设计应符合电路要求,额定电流按降额50%来设计,动作功率降额50%,电路中熔丝应放在保护器件的前面		强制	
26	在冲击电流很大的电路中,熔丝不能按照标称的动作功率来设计,即使进行了很大降额,仍然存在较大的风险。增加缓启动电路是解决问题的根本方法,如不能增加缓启动电路,可以考虑不用熔丝		强制	
27	根据电路的浪涌电流来选择使用慢熔断熔丝还是快熔断熔丝,慢熔断熔丝和快熔断熔丝在熔断速度上有较大的差别,慢熔断熔丝比快熔断熔丝的抗浪涌能力要强,可以抵抗上电时带来的浪涌电流的冲击而不动作。但如果需要保护一些比较敏感和贵重的元器件电路,需要用快速熔断熔丝,避免这些元器件受到瞬间大电流和高压的冲击		强制	

序号	检查项内容	示例及说明	范围	修订时间
28	在不增加成本和不影响 PCB 器件布局的情况下,在第一版设计时,尽量多增加调试电路和冗余电路,通过电阻灵活地进行功能选择,合理使用元器件的空闲引脚和空闲功能		推荐	
29	电源上电解电容的数量和容量应该满足电源完整性要求,电源上的电解电容应能够提供电路工作瞬态需要的电流。电路中元器件工作切换时产生的高频瞬间电流、高频噪声可以由平面间杂散电容和陶瓷电容滤除,但是电路从待机到开始工作或者在不同工作模式之间的瞬态电流,需要由稳压电源反馈响应和电解电容来提供。稳压电源反馈响应的时间相对慢一些,这时就需要电解电容提供的储能来弥补电路的瞬态电流,保证这段时间电路的工作电压满足要求		推荐	
30	设计定型时不需要进行调节的电路禁止使用可调器件,可调器件的可靠性和稳定性较低。例如电位器、可调电容等器件,震动时会导致设置值发生变化。电位器还有可能因为电刷接触不良导致故障。另外,生产过程中对可调元器件进行调节增加了生产的复杂性,也增加了生产的成本		推荐	
31	最终量产版本的电路上尽量少用跳线帽,生产过程安装调线帽增加了成本和安装工序,也增加了出错率。同时跳线帽在运输中可能脱落,产品使用环境受到污染时可能导致跳线帽接触不良,增加了系统的不稳定性		强制	
32	需要热拔插的接口,在连接器选型时应注意地线、电源线和信号线的连接顺序,推荐的顺序依次是地线-电源-信号		提示	
33	为了保证系统的可靠性,系统中需要对某些重要的单元进行备份设计。备用单板在插入过程中,应该禁止设备间的竞争并关闭所有输出,避免备板对主板的数据产生影响。对于有分发时钟的单板,应保持单板时钟相位基本一致,避免在切换后出现时钟不同步问题		推荐	

续表

序号	检查项内容	示例及说明	范围	修订时间
34	用于电缆互连的连接器,设计时应适当增加地线的连接以减小信号线的回流路径,降低信号之间的串扰,如电缆线中有时钟信号应进行屏蔽处理		推荐	
35	慎重选用静电敏感器件,如果采用应加强器件的防静电保护措施,以及完善生产组装现场的防静电管理制度,避免器件在生产过程中受到静电损伤	示例见注5	推荐	
36	防静电电路不能过于复杂,需在成本和防护等级上进行平衡考虑	示例见注6	推荐	
37	避免选配功能和基本功能共用测试点,有可能存在选配功能的电路不焊接时,该测试点失去测试功能,造成产品功能的漏测		推荐	
38	应考虑测试点带来的信号完整性问题,对于速率很高的信号,PCB上测试点的分叉线可能会引起信号的反射从而导致信号质量恶化		提示	
39	避免在运算放大器的输出端直接并接电容到地,在直流信号放大电路中,有时候为了降低噪声,在运算放大器输出端并接去耦电容。这样,当有一个阶跃信号输入或者上电瞬间,运放输出电流往往会比较大,由于输出端去耦电容的存在会改变环路的相位特性,有可能导致电路自激振荡。正确接法是在运放的输出端先串联一个电阻,然后再并接去耦电容,这样可以削减运放输出瞬间电流,也不会影响环路的相位特性,避免发生振荡		推荐	
40	在直流信号放大电路中禁止在放大电路反馈回路中并接电容,并联电容很容易导致反馈信号的相位发生变化,从而使电路发生振荡。如果需要对反馈回路进行去耦滤波,正确的接法是将电容与反馈分压电阻并联,适当增大纹波的负反馈作用,抑制输出纹波		推荐	
41	运算放大器的电源滤波不容忽视,其电源的噪声直接影响运放的输出,尤其是对于高速运放,较大电源纹波有可能会导致自激振荡。运算放大器芯片的电源脚需增加小容值的去耦电容和大容量的滤波电容,以及串联电感或者磁珠滤波,电源纹波需小于供电电压的 3%		推荐	

序号	检查项内容	示例及说明	范围	修订时间
42	运算放大器反馈回路的元器件需靠近运放,而且 PCB 走线要尽量短,同时要尽量避开数字信号、晶振等干扰源。反馈回路的器件布局和走线不合理很容易引入噪声,严重时将导致自激振荡		推荐	
43	尽量减少运算放大器的输入寄生电容,输入寄生电容会与输入电阻一起形成低通滤波器。如存在较大的输入寄生电容,需进行计算,避免输入信号的频率超过了低通滤波器的截止频率		推荐	
44	100MHz 以上高速信号连接器需考虑引脚冗余设计,并进行信号包地处理。速度越高,构造一个性能良好的连接器就越难,信号相互串扰,连接线电感引起的电磁干扰是导致连接器 EMI 辐射超标的主要因素	详细说明见注 7	推荐	
45	边沿敏感的信号,即使是低速率的,也要注意信号完整性设计问题。信号是否属于高速信号,并非仅依据时钟频率来判断,还要看信号的上升时间和下降时间。数字信号的频域特性与信号沿的上升时间和下降时间有关,而与它的时钟速率无关	在对边沿敏感信号进行测量时,要考虑示波器带宽和探头等效电容对被测信号的影响。如果测试方法不正确或者测试仪器带宽不够,将不能发现信号沿回钩等问题,给信号质量的评估和问题的排查带来较大困难	推荐	
46	信号的工作频率高于 300MHz 时,需考虑信号波长与电路板尺寸、电路板材料的关系,FR4 材料仍可用作电路板的基础材料,但过孔的设计变得非常重要,过孔的阻抗会导致串扰和信号完整性问题,需进行适当仿真		推荐	

注 5

随着技术的发展,高密度集成电路已成为电子产品中不可缺少的器件。高密度集成电路具有线间距短、线细、集成度高、低功率、低耐压和高输入阻抗等特点,这类器件对静电越来越敏感,可称之为静电敏感器件。静电敏感器件不论是 MOS工艺还是双极型工艺,都有可能因静电电场和静电放电电流引起失效,或者造成难以被发现的软击穿现象,给单板或系统留下潜在的隐患,直接影响着电子产品的质量和使用寿命。

　　在器件选型和产品设计中,应充分考虑器件和电路的静电防护,尽量选用对静电不敏感的器件,以及对所使用的静电敏感器件提供适当的输入保护,使其避免 ESD 的伤害。MOS 工艺是集成电路制造的主导工艺,以金属氧化物半导体场效应管为基本构造的元件,为了做到较高的输入阻抗和低容值的输入电容(输入阻抗通常大于 $200\text{M}\Omega$,输入电容小于 3pF),场效应管的栅、源极之间用了一层亚微米级的绝缘栅氧化层,该层极易受到静电的损害。

　　大部分集成电路在 MOS 器件的输入级中均设置了电阻和二极管防护网络,串联电阻能够限制尖峰电流,二极管则能限制瞬间的尖峰电压。通常情况下,电阻和二极管在小能量一次过流或过压的情况下,接口不会受到 ESD 损伤,一旦外加多次大电流或高电压,接口将受到不可逆转的损害。因此静电敏感器件在保存、运输、生产等过程中,需采取恰当的静电防护措施,表 2.8 是元器件静电等级分类。

表 2.8　元器件静电等级分类

等　　级	静电门限电压	等　　级	静电门限电压
0 级	0～500V	3 级	2000～4000V
1 级	500～1000V	4 级	4000～8000V
2 级	1000～2000V	无等级	＞8000V

　　慎重选用静电等级是 0 级的元器件,如在特殊情况下不可避免需要选用,需在器件流通的各环节制订相应的防静电检查项,表 2.9 是仓库环境、工厂环境、作业环境、操作环境下的静电防护检查项。

表 2.9　静电防护检查项

环　　境	静电防护措施检查项
仓库环境	① 周转箱使用导电性材料
	② 周转箱的下面要接地
	③ 存放元器件架子的基板,以及基板之间的隔板使用防静电材料
	④ 半导体器件的保管箱使用防静电材料且接地
	⑤ 半导体器件的放置架铺设防静电胶皮
	⑥ 将半导体器件从包装盒拿出时需佩带静电手环
	⑦ 半导体器件存放时需与发泡胶等带电物隔离
工厂环境	① 设备接地与静电接地分开,并尽量减少接地电阻
	② 设备用的地线与人体用的地线分离,以防止触电
	③ 防静电作业场所的湿度应保持在 45％～75％
作业环境	① 作业地面铺设导电胶皮
	② 导电胶皮的接地连接点稳固可靠
	③ 作业台面铺设了防静电胶皮
	④ 搬运车用链子或导电轮与地面接地
	⑤ 搬运车各层铺设导电胶皮
	⑥ 防静电作业场所的椅子需进行防静电接地

续表

环　　境	静电防护措施检查项
操作环境	① 不能戴静电手环的移动作业人员需穿防静电工作服
	② 护腕、围裙、帽子等穿戴物要有防静电措施
	③ 作业员必须穿戴静电手环或防静电工作鞋
	④ 静电手环需与人体接地线连接
	⑤ 静电手环的金属部分需与人体皮肤接触
	⑥ 穿防静电工作鞋的时候，避免穿厚袜子或放置厚鞋垫

注6

静电放电是一种高能量、宽频谱的电磁骚扰，静电放电主要通过两种途径来干扰电路。第一种是直接能量干扰，瞬间接触的静电大电流有可能造成内部电路的误动作或损坏；第二种是空间耦合干扰，空间耦合的能量较少，其频谱范围在数百MHz左右。

基于静电干扰的途径，解决静电干扰主要从提供静电泄放路径和屏蔽静电泄放过程两方面来解决，具体的解决措施有如下几点。

① 提高接地导体的电连续性，让静电的能量从良好的接地路径释放，使设备内部的电路、元器件和信号不受静电能量的直接干扰。

② 对外接口尽量采用金属接口，且360°搭接，使对外接口的金属部分有良好的接地特性，静电接触放电时先接触到地线，通过良好的接地释放能量。

③ 对外连接器件的选择及连接器结构位置的放置要避免外部静电直接泄放到信号线上。

④ 保持线路板地平面的完整性，提供低阻抗的静电泄放路径。

⑤ 易受静电接触，放电干扰的电路需增加ESD静电放电二极管，ESD静电放电二极管是一种过压、防静电保护元器件，可以防止敏感电路遭受ESD（静电放电）的影响。

⑥ 复位、时钟等敏感信号线不能布在PCB的边缘，应远离PCB边缘1cm以上。同时，对于比较敏感的电路，在PCB布局时要尽量远离静电释放点。

⑦ 增大产品内部电路与外壳之间的间隙，PCB距离外壳的缝隙要保持6mm以上的距离。

关于原理图设计如何进行静电防护，需要在成本和防护等级上进行平衡考虑。如果是板内的信号，一般可以通过串联电阻或者磁珠来防止静电的耦合干扰，如图2.11所示。如果是对外接口要增加ESD器件，给静电提供泄放回路，如图2.12所示。

注7

连接器高频信号之间的互感串扰是导致连接器EMI辐射超标的关键因素，串扰的能量大小与信号的变化率、连接器引脚间距、信号环路面积有关。图2.13是连接器信号的模型图，信号之间的互感串扰值$L_{A,B}$计算如下。

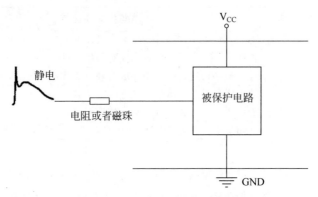

图 2.11　板内信号静电防护

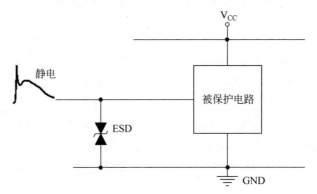

图 2.12　对外接口静电防护

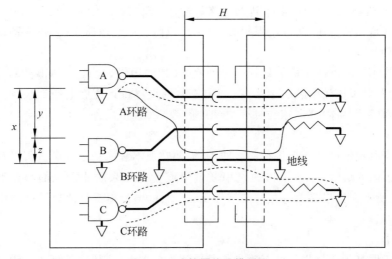

图 2.13　连接器信号模型图

$$L_{A,B} = KH\ln\left(\frac{x}{y}\right) + KH\ln\left(\frac{z}{d}\right) \tag{2-1}$$

其中，y 为信号 A 到信号 B 的距离；z 为信号 B 到地线的距离；x 为信号 A 到地线的距离；K 为固定的常数；d 为连接器引脚的直径；H 为连接器的引脚长度。从式(2-1)中可以看出，改变接地方式可以有效地减少线路之间的互感，如果将地线靠近 A 环路和 B 环路，互感值 $L_{A,B}$ 将减少。如果额外增加地线，电流的环路面积会进一步减少，也会有更直接的效果。

2.9 可制造性检查项

可制造性是产品从硬件研发到产品量产过程中关键的环节，良好的设计应从原理图阶段就开始考虑产品可制造性。原理图的可制造性检查单涉及到器件焊接工艺要求、器件封装选用等方面的要求，表 2.10 是原理图可制造性检查项，供参考。

表 2.10 原理图可制造性检查项

序号	检查项内容	示例及说明	范围	修订时间
1	原理图中应放置适当数量的 Mark(光学定位点)符号，Mark 符号可根据原理图 BGA 封装和 TQFP 封装器件数量来确定，一般情况单面贴片的 PCB 至少需要放置 4 个 Mark 符号，双面贴元件的 PCB 至少放置 8 个 Mark 符号(每面 4 个)。PCB 上的 Mark 点用于自动贴片机上的位置识别，PCB 的 Mark 点也叫基准点		推荐	
2	潮湿敏感器件在保存和生产中需遵循相应的规范。潮敏器件应该保存在干燥箱中或者密封袋内，开包后应在规定时间内焊接完成。如果拆包时间超过规定时间，在生产之前应对潮敏器件进行干燥处理，否则在焊接过程中温度迅速上升，封装中吸收的水分迅速汽化膨胀，就会导致器件内部裂纹、剥离，造成"爆米花"效应，使器件损坏	器件潮湿敏感等级划分和拆封后存放条件见注 8	推荐	

续表

序号	检查项内容	示例及说明	范围	修订时间
3	双面贴焊的 PCB,在选择器件封装时应尽量使用贴片器件,不使用插装器件。采用表面贴装器件生产,使得单板生产的自动化程度提高,从而提高了生产效率。当使用插装元件时,会影响生产效率,比如说常见的分立插件电阻、二极管,其来料都是编带包装,两引脚在同一水平线上,如果要插装在印制电路板上,必需对引脚进行弯脚成型,增加了一道成型工序。另外,分立插件元件,目前每个元器件厂家做的标准都不一样,就算相同性能且是同一个代码的物料,不同厂家做的元器件引脚尺寸会有差别,给器件选型和生产焊接带来比较多的麻烦		推荐	
4	因为焊接温度不同,尽量避免 PCB 内有铅工艺物料和无铅工艺物料混用。有铅工艺和无铅工艺主要是熔点的差别,无铅工艺的熔点在 218℃;锡炉温度需控制在 280℃～300℃;过波峰焊温度需控制在 260℃;过回流焊温度是 260℃～270℃。有铅工艺的熔点是 183℃;锡炉温度需控制在 245℃～260℃;过波峰焊温度需控制在 250℃;过回流焊温度在 245℃～255℃。另外,由于熔点的关系,两者可焊性也不同,有铅焊料的熔点较低,对电子元器件的热损害较小,加工完成后的焊点也更加光亮,强度也更硬,质量也更好。但是有铅焊料中含有的铅元素对人体有较大的危害,长期接触对人体健康有较大影响,目前已普遍采用无铅加工工艺		推荐	

注 8

潮湿敏感器件(Moisture Sensitive Device,MSD)也称潮敏器件,是指易于吸收湿气和经过回流焊或波峰焊后容易出现湿气膨胀,导致焊接不良或是内部损伤的器件。潮湿敏感器件基本上都是表面贴装器件,如 BGA 封装的集成电路、QFN 芯片、引脚间距密度高的连接器都属于潮湿敏感器件。

关于潮湿敏感器件的等级划分,按拆封后存放条件可以划分为 8 个等级,分别是 1、2、2A、3、4、5、5A、6,其中,1 级器件为非潮湿敏感器件,表 2.11 是不同等级潮湿敏感器件拆封后的存放时间要求。

表 2.11　不同等级潮湿敏感器件拆封后的存放时间要求

等级	标 准 条 件	降 额 条 件	存 放 环 境
1	无时间限制	无时间限制	温度≤35℃、相对湿度＜85％
2	1 年	0.5 年	温度≤30℃、相对湿度＜60％
2A	28 天	10 天	温度≤30℃、相对湿度＜60％
3	7 天	72 小时	温度≤30℃、相对湿度＜60％
4	72 小时	36 小时	温度≤30℃、相对湿度＜60％
5	48 小时	24 小时	温度≤30℃、相对湿度＜60％
5A	24 小时	12 小时	温度≤30℃、相对湿度＜60％
6	使用前烘烤,烘烤后最大存放时间按警告标签要求执行	使用前烘烤,烘烤后在3 小时内完成焊接	温度≤30℃、相对湿度＜60％

潮敏器件的烘烤要求,按器件的规格书要求进行,烘烤期间不得随意开关烘箱门,按规定时间存取物料,以保持烘烤箱内干燥环境。在烘烤期间如出现停电等异常现象,当烘烤时间已超过规定时间的50％,设备恢复正常后烘烤时间可以累计计算,否则需重新计算烘烤时间。托盘、管料、卷带物料的烘烤要求如表 2.12所示。

表 2.12　托盘、管料、卷带物料的烘烤要求

包装类别	烘烤方式	温　　度	湿　　度	累计烘烤时间
托盘	高温烘烤	125℃±5％	≤5％RH	≤48 小时
管料	低温烘烤	40℃±5％	≤5％RH	96 小时
卷带	低温烘烤	40℃±5％	≤5％RH	96 小时

2.10　模块电路检查项

模块电路检查项是指针对产品不同的电路功能模块,分别列出针对该模块电路的检查项,以保证模块电路符合设计要求,以及方便模块电路的原理图评审。下面以热敏打印机模块电路的检查项举例说明,希望能起到举一反三人的目的,表 2.13 是热敏打印机电路检查项。

表 2.13　热敏打印机电路检查项

序号	检查项内容	示例及说明	范围	修订时间
1	电路要有热敏打印头过温检测电路,过温检测点应设置合理,推荐值是 70℃,根据热敏打印头内部的热敏电阻值来配置外部分压电阻		强制	
2	热敏打印头缺纸检测光电传感器的供电要进行控制,只有打印的时候才开启,不打印时关闭其电源,以延长光电传感器的使用寿命		强制	
3	缺纸检测的电压值要设置合理,用处理器的模拟输入口采样此电压时,电压值区间分为有纸、中间值、缺纸三种状态	如产品经常在强光下使用,需要考虑有强光照射时的电压变化范围	特定	
4	机芯上的光电传感器属于静电敏感器件,其输出信号要增加 ESD 静电器件。同时在装配或者维修打印机芯时应采取防静电措施,例如佩戴静电环等,以防止静电对机芯内部元器件产生损害		强制	
5	打印时电流较大,根据电源提供的功率来计算同时加热的点数,避免出现打印时电压跌落严重	以 58mm 纸宽的热敏打印机芯为例,每行的点数是 384 点。一般情况每次加热的点数为 64 点,低于 64 点将影响打印速度,高于 64 点将对电源的功率有较高要求	强制	
6	SPI 接口的打印数据遵守分组加热的原则,在降低加热瞬间电流的同时,也要保证各组可以均匀的加热,如分组加热不均匀,会导致同一行中出现字迹深浅不一的情况		强制	
7	打印机的加热电压需进行控制,只有打印时才开启,开启控制电路至少满足 3A 的电流要求		强制	
8	由于打印时的电流较大,打印电源的滤波电容要放置大、中、小电容		强制	
9	不能使用软件定时器来产生加热宽度信号,否则当软件程序跑飞时加热信号一直存在,热敏打印头处于持续的加热状态,持续加热有可能导致起火等危险事故。建议使用处理器的 PWM 端口来控制加热宽度信号,如处理器没有 PWM 控制端口,需增加硬件定时电路		强制	

第3章

原理图绘图（基于Cadence 17.4）

3.1 Cadence 17.4 介绍

在日新月异的时代里，凡事讲求速度，选用一款功能强大的计算机辅助电路设计软件，除了绘制原理图，还可以进行电路仿真，以及设计电路板。这样的软件可有效缩短整个电路设计与制作的时间。本章所要介绍的，正是通用性较好的电路设计软件 Cadence 17.4。

Cadence 17.4 把原理图设计、电路仿真、PCB 设计、信号完整性分析完整地融为一体，当前很多客户都使用 Cadence 17.4 来进行复杂的电路设计，Cadence 17.4 包括 OrCAD 2019 V17.40 和 Cadence SPB Allegro。

OrCAD 涵盖原理图工具（OrCAD Capture 和 Capture CIS）、原理图仿真工具（PSpiceAD、PspiceAA）、原理图信号完整性分析工具（OrCAD Signal Explorer）。Cadence SPB 涵盖 PCB Layout Editor（Allgero PCB Design）、原理图工具 Design Entry CIS（Design Entry CIS 与 OrCAD Capture CIS 完全相同）、PCB 信号完整性分析工具（Allgero PCB SI）。

OrCAD Capture 17.4 是当前最流行的原理图输入工具之一，OrCAD Capture 具有功能强大的元件信息系统，可以在线管理元件数据库。同时也提供了灵活多样的原理图设计方法和输入方式，可将原理图设计技术、PCB 器件布局、PCB 走线技术相结合，使原理图文件和 PCB 文件实现无缝数据连接，实现了原理图和 PCB 的统一设计和统一检查。

OrCAD Capture 17.4 继承了之前版本的特点，同时也有不同之处，对操作界面进行了调整，在元器件创建、编辑和查询方面增加了新的功能，如下所示。

（1）在一个界面可以查看和编辑多个项目的原理图。

（2）通过复制和粘贴，可以直接利用之前原理图的数据，网络名和元件位号可保持不变。

（3）在原理图界面，可以直接对元器件进行编辑，用内嵌的元器件编辑器更改、移动元器件引脚名称和引脚编号。

（4）文件保护功能，支持设计文件被其他用户打开时可以自动锁定。

（5）可以实现原理图输入到原理图输出的紧密结合，提高了设计效率，以及确保设计数据的完整性。

（6）可自动缩放和平移界面，具有高效的查找和搜索功能。

（7）通过附加的工具可以保证原理图和 PCB 图同步。

（8）原理图界面可以直接嵌入图形、书签和标识等辅助说明中。

3.2　OrCAD Capture 功能模块

按照功能模块来划分，OrCAD Capture 可以分为项目管理模块、元件信息模块、原理图绘制模块、后期处理模块。

（1）项目管理模块，OrCAD Capture 为用户提供了一个便于操作的设计环境，其项目管理模块独立于原理图编辑环境之外，操作功能包括新建项目、打开已有文件、保存文件、删除文件等。

（2）元件信息模块，OrCAD Capture 具有丰富的元件库，有 32 个自带的元件库，每个元件库又有很多具体零件，如 AMPLIFIER. OLB 元件库有 182 个元件，存放了模拟放大器 IC 等器件；CONNECTOR. OLB 元件库有 816 个元件，存放了各种类型的连接器。由于库文件过大，在绘制原理图时不建议将所有的元件库文件同时加载到元件库列表中，加载过多的元件库会减慢软件的运行速度。

（3）原理图绘制模块，原理图绘制模块是 OrCAD Capture 的核心功能，OrCAD Capture 作为行业标杆的原理图输入工具，具有简单直观的设计界面和强大的原理图编辑功能，提供了企业级的原理图绘制方案，让硬件工程师可以快速高效地创建和绘制原理图。

（4）后期处理模块，OrCAD Capture 提供了一些后期处理工具，用来对原理图进行检查和校对，如设计规则的检查、生成网络报表文件、输出 BOM 表等。

3.3　原理图管理器

OrCAD Capture 为用户提供了一个功能强大且易学易用的原理图设计环境，采用了以工程为中心的设计概念，原理图管理器独立于原理图设计环境之外，原理图管理器可进行文件输入输出、存放文件等方面的操作。

OrCAD Capture 的原理图管理器用 Project 菜单来管理创建的文件，新建 Project 的同时，OrCAD Capture 会自动创建相关的文件，如原理图的 DSN 文件、网络表 NET 文件等，为了方便读者对文件的理解，表 3.1 列举了 OrCAD Capture 常用文件的扩展名。

表 3.1　OrCAD Capture 常用文件的扩展名

文 件 类 型	文件的扩展名	文 件 类 型	文件的扩展名
电路原理图文件	.dsn	PCB 焊盘文件	.pad
项目工程文件	.opj	PCB 元器件封装文件	.psm
元件库文件	.olb	图框说明文件	.osm
网络表文件	.dat	机械封装元件	.bsm
第三方网络表文件	.net	信息输出文件	.log
PCB 文件	.brd		

3.3.1　新建原理图

打开 OrCAD 软件，选择菜单栏中的 File→New→Project 命令，弹出如图 3.1 所示的 New Project 对话框。在弹出的对话框中输入工程文件名，并指定工程文件存放的路径，工程名是"DEMO"，存放路径是 D:\项目 1。

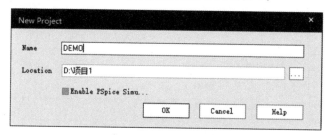

图 3.1　New Project 对话框

（1）Name 是工程名称栏，在此处输入具体的工程名称。

（2）Location 是文件存放的路径，在此处选择工程文件存放的路径。

设置完成后，单击 OK 按钮进入原理图编辑环境，此时也就完成了一个工程文件的创建。工程文件的扩展名是.dsn，在.dsn 文件下面有一个 SCHEMATIC1 文件，SCHEMATIC1 文件下面是 PAGE1 等，PAGE1 可以按需要进行名称的修改，选中后右击，然后选择 Rename 进行修改，如图 3.2 所示。

如需要创建多页原理图，选择 SCHEMATIC1，然后右击，在弹出的快捷菜单中选择 New Page 选项可创建更多的 PAGE 页，如图 3.3 所示。

3.3.2　打开原理图

选择菜单栏中的 File→Open→Design 命令，弹出的对话框如图 3.4 所示，在弹出的对话框中选择文件所在的路径，然后单击"打开"按钮。

在同一窗口可以打开多个工程文件，多个工程文件可以来回切换，不同的工程文件显示在界面左侧位置，如图 3.5 所示。

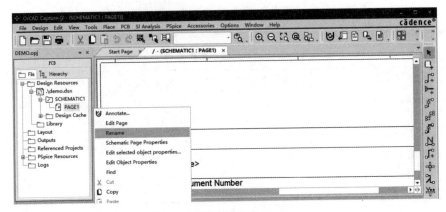

图 3.2 PAGE1 页的 Rename

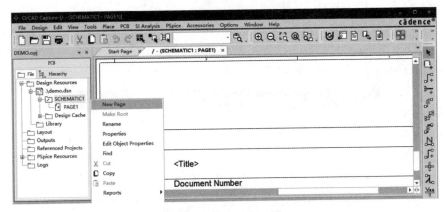

图 3.3 新建 PAGE 页

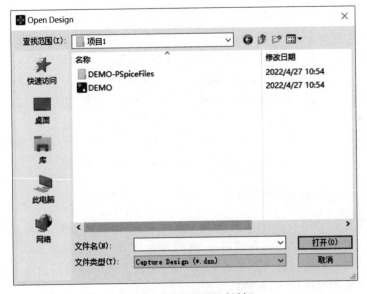

图 3.4 打开原理图对话框

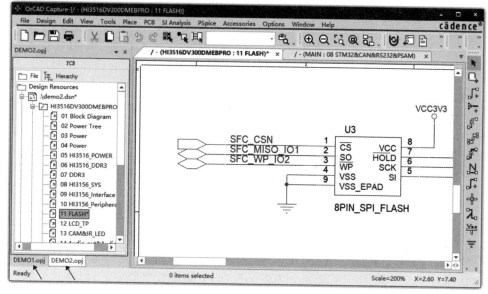

图 3.5 同时打开多个工程文件

3.3.3 平坦式原理图与层次式原理图

当电路较为复杂时往往无法在一张图纸上完成原理图的绘制,需要绘制多页原理图,有两种方法来绘制多页原理图,分别是平坦式绘制方法和层次式绘制方法。

(1)平坦式原理图。平坦式原理图是一种最基础的电路结构,其组成结构简单,所用的元器件能够在一张电路图上全部表示出来,目前大部分的硬件设计人员都习惯绘制平坦式原理图,平坦式原理图具有如下几方面的特点。

① 每页原理图有页间连接符 Off-Page Connector,表示不同页之间信号的连接,相同页连接符的网络是互连的。

② 页与页之间逻辑关系简单,非常直观地表达电路之间的连接关系。

③ 绘制过程简单,操作容易,不需要考虑电路之间的包含关系。

④ 不同页的原理图属于同一层次,相当于每页原理图同属于一个文件夹,其原理图结构如图 3.6 所示。

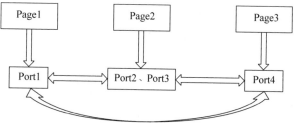

图 3.6 平坦式原理图结构形式

（2）层次式原理图。层次式原理图采用的是一种自上而下的电路设计方法，即先在一张图纸上设计电路的总体框图，然后在另外的层次图纸上设计每个框图代表的子电路结构。下一层次中还可以包括框图，按层次关系将子电路框图逐级细分，直到最后的层次为具体电路图，不再包括子电路框图。层次式原理图具有如下几方面的特点。

① 层次式电路原理图的设计理念是将实际的总体电路进行模块划分，划分的原则是每一个电路模块都应该有明确的功能特征和相对独立的结构，以便模块彼此之间的连接。

② 一张原理图中的模块电路不能参考本张图纸上的其他模块电路或其上一级的原理图模块电路。

③ 打印时可能存在原理图幅面过大，需要用较大图号的纸张来打印的情况。

④ 绘制时可以将整个电路系统划分为若干个子系统，每一个子系统再划分为若干个功能模块，而每一个功能模块还可以再细分为若干个基本的小模块。这样依次细分下去，就把整个系统划分为多个层次，电路设计由繁变简，层次式原理图的电路结构如图 3.7 所示。

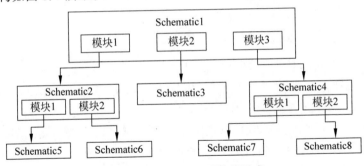

图 3.7　层次式原理图结构形式

3.4　原理图元件库

虽然 OrCAD Capture 提供的元器件库很齐全，但是不同产品的原理图设计千差万别，经常会碰到在 OrCAD Capture 自带元件库中找不到的元件符号。这时就需要自己创建元件库和元件符号，元件符号由元件边框、引脚名、元件名称组成。OrCAD Capture 提供了一套非常完整的元件编辑器，可以根据实际需要进行元件编辑和创建元件，本节将详细介绍如何创建原理图元件库。

3.4.1　加载元件库

在 OrCAD Capture 元件库管理中，加载元件库分两种情况：一种是加载系统中自带的元件库，另一种是加载项目中自建的元件库。

（1）加载系统中自带的元件库。在原理图的编辑界面下，单击图标 Place Part ，弹出相应界面后，再单击图标 Add Library 。系统将弹出如图 3.8 所示的 Browse File 对话框，选中需要加载的元件库，单击"打开"按钮，这样元件库就会显示在已加载的列表中。

图 3.8　加载系统中自带的元件库

（2）加载项目中自建的元件库。选择菜单栏中的 File→Open→Library 命令，弹出如图 3.9 所示的对话框，选择要加载的元件库，单击"打开"按钮。执行"打开"命令后，弹出如图 3.10 所示的界面，然后在界面的左侧，选中要加载的元件库 Library，右击，在弹出的快捷菜单中选择 Add File 选项。

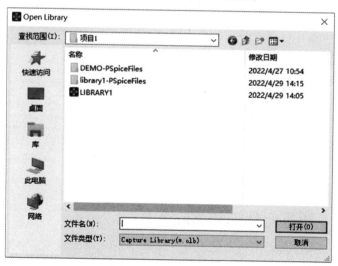

图 3.9　Open Library 对话框

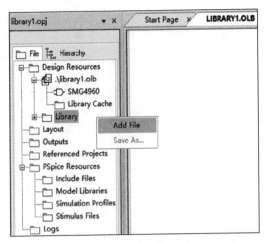

图 3.10 选择 Add File

在图 3.10 的界面上执行 Add File,弹出如图 3.11 所示的对话框,在查找范围框中选择文件路径,文件路径一般是 C:\Cadence\Cadence_SPB_17.4-2019\tools\capture\library,在文件名栏选择加载的元件库,然后单击"打开"按钮,即完成了加载项目中自建的元件库。

图 3.11 加载项目中自建的元件库

3.4.2 新建元件库和移除元件库

新建元件库,选择菜单栏中的 File→New→Library 命令,空白元件库会被自动加入系统中,默认名称是 library1,并依次递增,扩展名是.olb 的库文件,如图 3.12 所示。

移除元件库，在原理图的编辑界面，单击图标 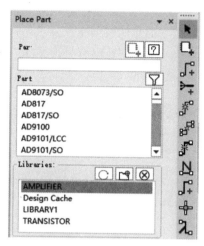（Place Part），弹出如图 3.13 所示窗口，然后选中所要移除的元件库，再单击图标 ⊗（Remove Library），即将该元件库移除。

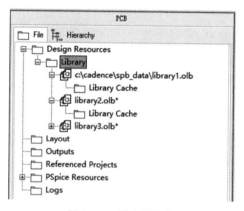

图 3.12　新建元件库

图 3.13　移除元件库

3.4.3　新建元件

尽管 OrCAD Capture 提供了相当多的元件，但再多的元件也不可能满足每个人的需求，尤其是在电子产品高速发展的今天，每时每刻都有新的元件产生，所以自己建立元件是必需的工作，建立元件方法如下。

（1）选中新建的库文件 LIBRARY1，右击，在弹出的快捷菜单中选择 New Part 选项，弹出如图 3.14 所示的 New Part Properties 对话框，即可开始新建元件。

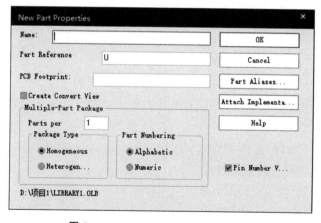

图 3.14　New Part Properties 对话框

（2）在对话框中需添加元件名称、元件标识、PCB 封装名称等信息，说明如下。

• Name 栏：在该文本框中输入新建的元件名称。

- Part Reference 栏：在该栏内输入元件标识的前缀,如该栏的内容为"U",则元件放置到原理图中时,显示的元件标识符为 U1、U2 等。
- PCB Footprint 栏：PCB 的封装名称,在绘制原理图时可以暂时不输入。
- Parts per 栏：该栏的默认值是 1,即元件由 1 个元件符号组成。如果创建的元件引脚非常多,如一些功能复杂的处理器,有几百或者上千个引脚,则需要创建组合封装器件。
- Package Type 栏：组合元件的封装类型,有两个选项,一般选择默认选项 Homogeneous(相同的)。
- Part Numbering 栏：组合元件的序号排列方式,一般选择默认项 Alphabetic (按字母排列)。
- Pin Number Visible：勾选此项,元件引脚号可见。

(3) 填写完元件属性后,在图 3.14 中单击 OK 按钮,弹出如图 3.15 所示的元件编辑界面,在该界面可以进行元件的制作。

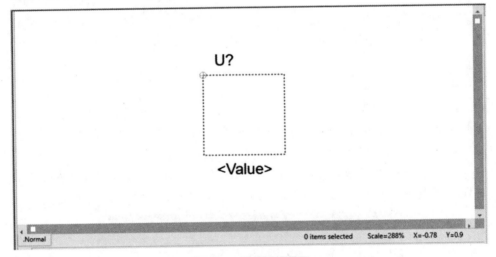

图 3.15　元件编辑界面

绘制元件的外形,在元件编辑界面,选择菜单栏中的 Place→Rectangle 命令放置元件的外框,元件的外框大小由元件引脚数量来决定,原则是引脚放置较为美观、引脚间距合理。

① 添加单个引脚,选择菜单栏中的 Place→Pin 命令,弹出如图 3.16 所示的对话框,需填写对话框中的相关内容。

- Name 栏：输入引脚的名称。
- Number 栏：输入引脚的编号,应与元件实际引脚编号对应。
- Shape 栏：设置引脚的线型,一般选择 Line 或者 Short。
- Type 栏：设置引脚的电气特性,一般选择 Passive,表示该引脚没有电气特性。

图 3.16　放置引脚对话框

②完成参数设置后，单击 OK 按钮，光标上拖着一个引脚符号，拖动鼠标将引脚放置到合适位置上，然后单击完成引脚放置，重复这样的步骤可继续放置其他的引脚，如图 3.17 所示。

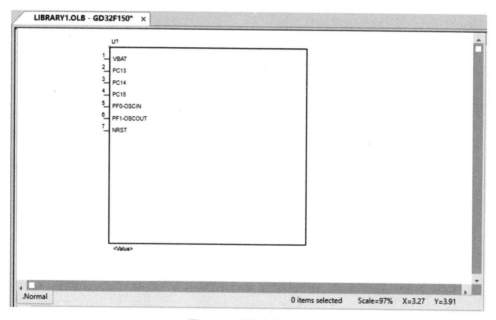

图 3.17　放置元件引脚

③引脚阵列功能，当遇到元件引脚较多且有规律排列时，可使用 Capture 的引脚阵列功能，选择菜单栏中的 Place→Pin Array 命令，弹出如图 3.18 所示的对话框。

- Starting Name 栏：输入第一个引脚的名称。
- Starting Number 栏：输入第一个引脚的编号。

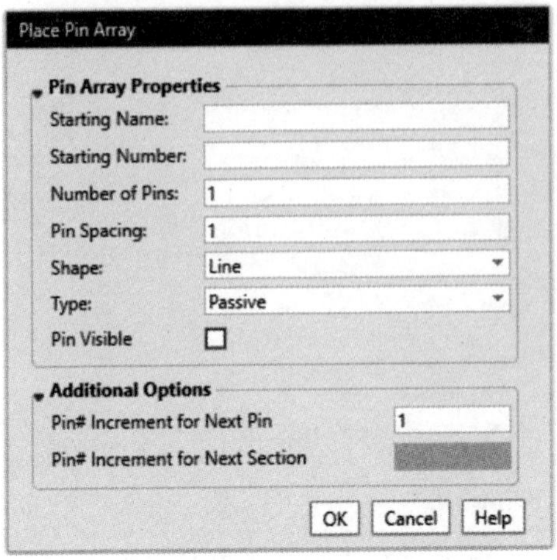

图 3.18 Place Pin Array 对话框

- Number of Pins 栏：输入放置引脚的总数量。
- Pin Spacing 栏：设置相邻两个引脚的间距。
- Shape 栏：设置引脚线型。
- Type 栏：设置引脚的电气特性。
- Pin♯ Increment for Next Pin 栏：名称和引脚的递增数量。

设置完 Place Pin Array 窗口后，单击 OK 按钮，然后移动鼠标并单击，把引脚放置在合适的位置上，如图 3.19 所示。

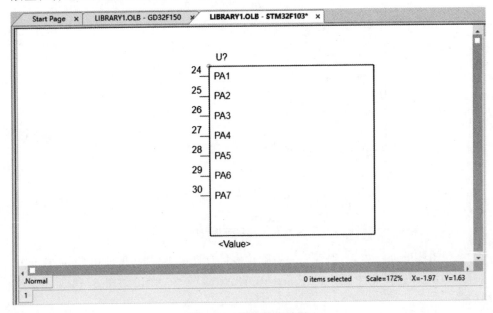

图 3.19 引脚阵列放置

（4）组合元件的创建，与创建单个元件类似，选中新建的库文件 Library，选择菜单栏中的 Design→New Part 命令，弹出 New Part Properties 对话框。以处理器 BCM58101 举例说明，如图 3.20 所示。

- Name 栏：输入器件型号 BCM58101。
- Part Reference 栏：为默认值"U"。
- Parts per 栏：输入 4，表示器件由 4 个封装组成。
- Package Type 栏：由于每个封装都不一样，选择 Heterogen。
- Part Numbering 栏：选择默认项 Alphabetic。

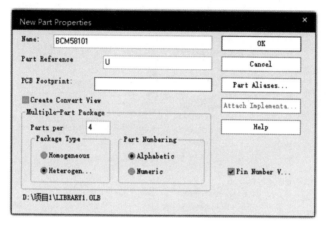

图 3.20　BCM58101 New Part Properties

填写完信息后，在图 3.20 中单击 OK 按钮，弹出元件编辑对话框，在编辑界面的左下角会显示 A、B、C、D 四个封装。选择相应的封装，然后执行放置引脚命令 Place→Pin，逐一放置每个封装的引脚，如图 3.21 所示。

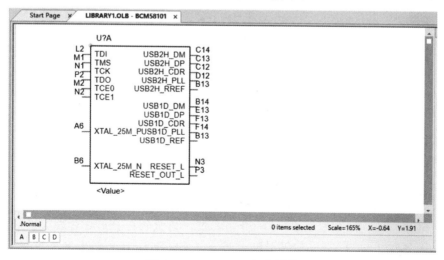

图 3.21　BCM58101 组合封装

3.4.4 通过 Excel 表格创建元件

当元件的引脚特别多时,如功能复杂的处理器,逐个添加元件的引脚非常费时,同时也容易出现错误,这时可以通过 Excel 表格的方式来创建元件。

(1) 选中元件库,右击,在弹出的快捷菜单中选择 New Part From Spreadsheet 选项,如图 3.22 所示。

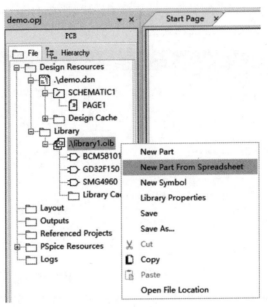

图 3.22 表格导入

(2) 选择 New Part From Spreadsheet 选项后,弹出类似 Excel 的表格对话框,在对话框中可以直接粘贴 Excel 表格的内容。

- Number 栏:元件的引脚编号。
- Name 栏:元件的引脚名称。
- Type 栏:元件的引脚类型,普通引脚定义为 PASSIVE,电源引脚和 GND 引脚定义为 POWER 类型,否则在生成网络表文件时有警告信息。
- Pin Visibility 栏:勾选定义为可视。
- Shape 栏:可将引脚类型定义为 Line 或者 Short。
- Pin Group 栏:引脚组的定义,为空即可。
- Position 栏:引脚位置选项,可分别定义为 Bottom、Left、Right、TOP,一般情况下均匀放置,按逆时针排列。以 48 个引脚为例,1~12 放置在 Left(左边),13~24 放置在 Bottom(下方),25~36 放置在 Right(右边),37~48 放置在 Top(上方)。如果引脚大部分都是电源引脚,可将电源放置在上方,地信号放置在下方。

- Section 栏：器件单个封装和组合封装选项，如是单个封装选 A，如果是组合封装，分别选择对应的封装序号。

把整理好的 Excel 直接粘贴到 New Part Creation Spreadsheet 对话框中。以输入 GD32F150C4T6 封装为例，GD32F150C4T6 为 48 引脚的 LQFP 封装，粘贴后的界面如图 3.23 所示。

| Part Name | GD32F150C4T6 | No. of Sections | 1 | Part Ref Prefix | U | Part Numbering ○Numeric ●Alphabetic |

	Number	Name	Type	Pin Visibility	Shape	PinGroup	Position	Section
1	1	VBAT	Power	☑	Short		Left	A
2	2	PC13	Passive	☑	Short		Left	A
3	3	PC14-OSC32IN	Passive	☑	Short		Left	A
4	4	PC15-OSC32O	Passive	☑	Short		Left	A
5	5	PF0-OSCIN	Passive	☑	Short		Left	A
6	6	PF1-OSCOUT	Passive	☑	Short		Left	A
7	7	NRST	Passive	☑	Short		Left	A
8	8	VSSA	Power	☑	Short		Left	A
9	9	VDDA	Power	☑	Short		Left	A
10	10	PA0	Passive	☑	Short		Left	A
11	11	PA1	Passive	☑	Short		Left	A
12	12	PA2	Passive	☑	Short		Left	A
13	13	PA3	Passive	☑	Short		Bottom	A
14	14	PA4	Passive	☑	Short		Bottom	A
15	15	PA5	Passive	☑	Short		Bottom	A
16	16	PA6	Passive	☑	Short		Bottom	A
17	17	PA7	Passive	☑	Short		Bottom	A
18	18	PB0	Passive	☑	Short		Bottom	A
19	19	PB1	Passive	☑	Short		Bottom	A
20	20	PB2	Passive	☑	Short		Bottom	A
21	21	PB10	Passive	☑	Short		Bottom	A
22	22	PB11	Passive	☑	Short		Bottom	A

Add Pins...　Delete Pins　　Save　Cancel　Help

图 3.23　New Part Creation Spreadsheet 对话框

在图 3.23 中，单击 Save 按钮完成创建，界面将呈现出元件的封装，如图 3.24 所示。由于元件的引脚名称较长，略显拥挤，需对封装的边框和引脚间距进行适当调整，调整后的封装如图 3.25 所示。

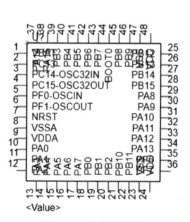

图 3.24　外框调整前

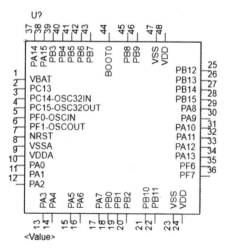

图 3.25　外框调整后

3.4.5 通过复制创建元件

有的时候为了完善元件库,需要在一份打开的原理图中,把部分元件的封装导入到指定的库文件中,操作方法如下。

(1) 在打开的原理图中,选中该元件,然后右击,弹出如图 3.26 所示的快捷菜单。

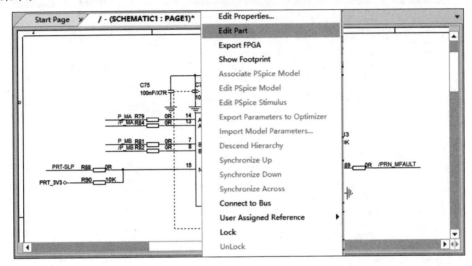

图 3.26　选中元件

(2) 选择 Edit Part 选项,进入元件编辑界面,单击并拖动整个封装,再右击,弹出如图 3.27 所示的快捷菜单,选择 Copy 选项。

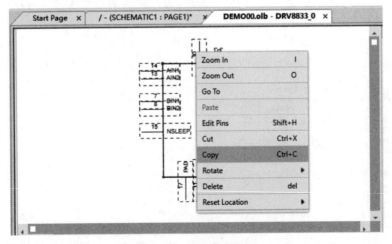

图 3.27　元件编辑界面

(3) 切换到新建元件界面,如图 3.28 所示。

(4) 在图 3.28 所示的界面选择 New Part 选项,然后执行粘贴命令,如图 3.29

所示。保存后即完成了通过复制封装的方式来创建元件，创建后的元件显示在左侧的库元件列表中。

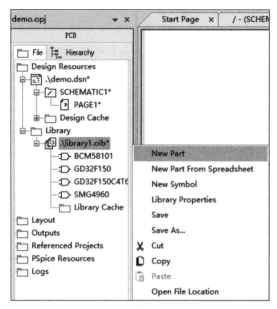

图 3.28　新建元件界面

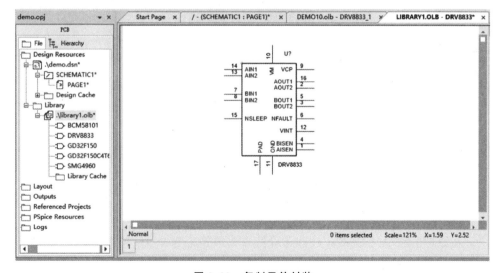

图 3.29　复制元件封装

3.5　原理图绘制

原理图是指用不同的电路元件符号连接起来的图，原理图主要由元件符号、连线、节点、注释四部分组成。元件符号表示原理图中的元件，元件符号的形状不代表实际元件的形状,但元件符号代表了元件的特点,且元件符号的引脚数目和实际元件的引脚数目保持一致。连线表示实际电路中的导线,在原理图中虽然是一根线,然而在印刷电路板中不是线而是各种形状的铜箔块。节点表示多个元件引脚或多条连线之间的相互连接关系,所有与节点相连的元件引脚、连线,不论数目多少都是导通的。注释在原理图中起说明提示作用,原理图中所有的文本都可以归入注释范畴。

本章将从原理图环境设置、原理图编辑界面等方面详细讲解原理图绘制的全过程,通过本章的学习,读者可以有效掌握原理图的绘制方法,顺利地根据产品需求完成原理图的设计。

3.5.1　进入原理图编辑界面

打开 OrCAD 软件和进入原理图编辑界面,具体操作是在 Windows 桌面的左下角,单击 Windows 图标找到 Cadence PCB 17.4-2019 下拉菜单中的 Capture CIS 17.4,注意需选择 CIS,否则原理图的编辑功能不完整。

（1）打开 Capture CIS 17.4,弹出如图 3.30 所示的对话框,选择 OrCAD Capture,下方的 Use as default 建议勾选,下次会默认打开。

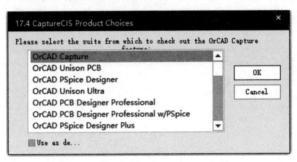

图 3.30　OrCAD Capture 选择对话框

（2）在图 3.30 所示的对话框中单击 OK 按钮,再按 3.3.1 节的介绍,新建一个工程,然后进入原理图编辑界面,如图 3.31 所示。

3.5.2　编辑界面常用设置

在原理图绘制时,其效率性和正确性与编辑界面的属性设置有密切关系,属性设置是否合理,将直接影响到软件功能是否能得到充分的发挥,编辑界面常用的设置项如下。

（1）设置图纸尺寸。选择菜单栏中的 Option→Schematic Page Properties 命令,然后单击 Page Size,弹出如图 3.32 所示的对话框,一般选择 B 类图纸,B 类图纸的长宽比例适中,同时用 A4 纸张打印时较为清晰。当然,也可以选择其他类型的图纸或者是自定义图纸尺寸,选择 Custom 可自定义图纸的尺寸。

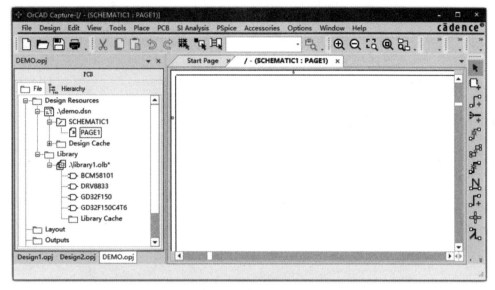

图 3.31 原理图编辑界面

图 3.32 图纸尺寸设置

（2）设置网格。网格为元件的放置和线路的连接带来了极大的方便，使元件和连线可以整齐排列，网格的设置在图 3.32 中选择 Grid Reference 选项卡，出现图 3.33 所示的对话框，选择默认值即可。

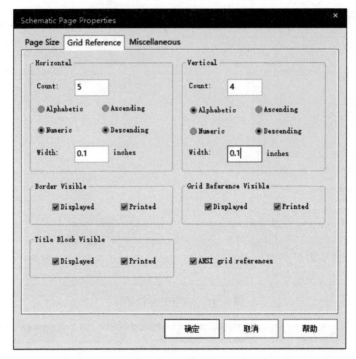

图3.33 网格设置

（3）界面颜色设置。选择菜单栏中的 Options→Preferences 命令，打开 Preferences 对话框，非必要选择默认的颜色即可，主要项颜色说明如下。

- Pin：设置元件引脚的颜色。
- Pin Name：设置元件引脚名称的颜色。
- Pin Number：设置元件引脚编号的颜色。
- NetGroup Port：设置网络组端口的颜色。
- NetGroup Bus：设置网络组总线的颜色。
- Part Body：设置元件框体的颜色。
- Part Value：设置元件参数值的颜色。
- Text：设置说明文本的颜色。

（4）格点属性设置。单击 Grid Display 按钮，弹出如图3.34所示的格点属性设置对话框，其包括原理图界面的格点属性设置和元件编辑界面的格点属性设置。

① 原理图界面格点属性设置，在 Schematic Page Grid 区域进行格点属性设置。

- Visible：可见性属性设置，一般情况需勾选。
- Grid Style：网格类型，一般情况勾选 Dots 点状网格。
- Gride spacing：格点间距，建议设置为默认值1。

图3.34　格点属性设置

- Pointer snap to grid：自动获取格点，应勾选此项。

② 元件编辑界面格点属性设置，在 Part and Symbol Grid 区域进行格点属性设置。

- Visible：可见性属性设置，应默认勾选。
- Grid Style：网格类型，一般情况选 Dots 点状网格。
- Pointer snap to grid：自动抓取格点，应勾选。

（5）字体设置，选择菜单栏中的 Option→Design Template 命令，弹出字体设置对话框，如图3.35所示，如没有特殊要求的话，选择默认的字体即可。

（6）标题栏设置，选择菜单栏中的 Option→Design Template 命令，然后选择 Title Block 选项卡，弹出如图3.36所示的对话框，逐一填写每项内容即可。

3.5.3　元件放置

电路原理图有两个最基本的要素，分别是元件和元件之间的连线，原理图绘制最主要的操作就是将元件放置在图纸上，然后用连接线把不同元件连接起来，建立正确的电气连接。在放置元件前，需要知道元件在哪一个元件库中。

（1）选择元件。选择菜单栏中的 Place→Part 命令，在界面的右侧弹出如图3.37所示的对话框。

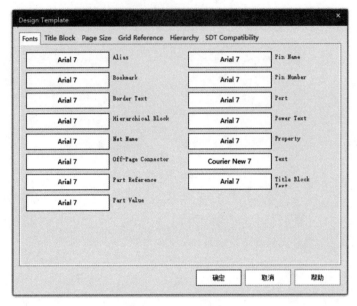

图 3.35　字体设置

图 3.36　标题栏设置　　　　　图 3.37　元件选用对话框

　　先选择元件库,再选择元件库中的某个元件。选中元件后,双击把元件拖到原理图的编辑界面,即完成了元件的放置,如图 3.38 所示。

　　(2) 移动元件。每个元件被放置时,其位置可能不是很准确,在进行连线前,需要根据原理图版面的整体布局移动元件的位置,这样可以利于连线,也会

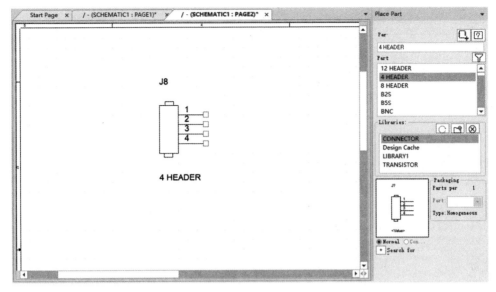

图 3.38　元件放置

使原理图更清晰和美观。具体移动元件的方法有很多,下面介绍两种移动元件的方法。

① 用鼠标选取单个元件的方法。当需要移动单个元件时,将光标移到要选取的元件上,单击鼠标左键不放,然后移动鼠标,把元件移动到指定位置,如图 3.39 所示。

② 利用矩形框同时选取多个元件的方法。当需要同时移动多个元件时,按住鼠标左键拖出一个矩形框,把要移动的元件包含在该矩形框内,然后释放鼠标并移动元件,如图 3.40 所示。

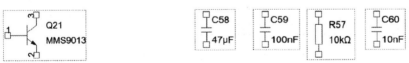

图 3.39　选取单个元件　　　　　　　　图 3.40　选取多个元件

（3）元件旋转。在原理图连线的过程中,有时需要将元件进行旋转以方便连线或者是优化界面,选中元件后按键盘上的 R 键可旋转元件,也可以单击选中元件后,右击选择 Rotate、Mirror 等选项来旋转元件,如图 3.41 所示。

· Mirror Horizontally：元件在水平方向镜像,即左右镜像,快捷键是 H。
· Mirror Vertically：元件在垂直方向镜像,即上下镜像,快捷键是 V。
· Mirror Both：全部镜像,元件将上下左右同时镜像。
· Rotate：旋转命令,每操作一次,元件逆时针旋转 90°。

（4）元件复制与删除。原理图绘制时经常会用到相同的元件,如果重复利用放置元件命令来放置相同的元件,效率较低且操作过程较为烦琐。可采用元件复制的

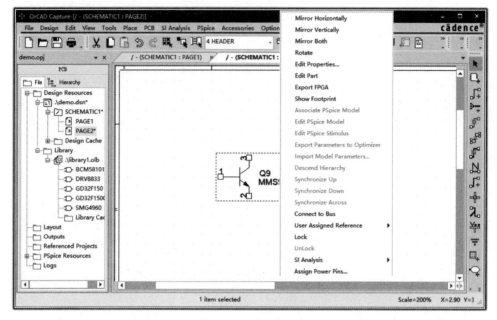

图 3.41　旋转元件

方式来放置相同的元件,先用鼠标选中要复制的元件,然后在键盘上按 Ctrl＋C 组合键复制元件,按 Ctrl＋V 组合键粘贴元件。另外也可以采用拖动的方式来复制元件,按住 Ctrl 键,用鼠标拖动要复制的元件,即可复制出相同的元件,如图 3.42 所示。

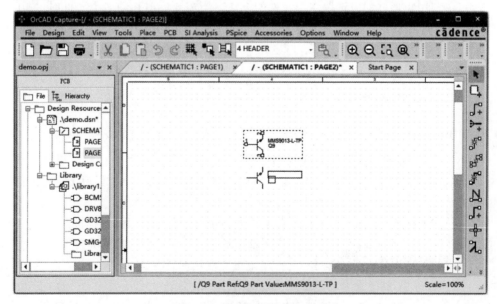

图 3.42　拖动的方式复制元件

3.5.4　元件属性设置

放置完元件后,有时还需要对元件的属性进行设置,以避免后期网络表生成和PCB制作时产生错误,元件的属性设置有以下两种方法。

(1) 单个元件属性设置。选中需要进行属性设置的元件并右击,然后选择 Edit Properties 选项,或者是选择菜单栏中的 Edit→Properties 命令,弹出如图 3.43 所示的界面,有 8 个选项卡,分别是 Parts(元件)、Schematic Nets(原理图网络)、Flat nets (平层网络)、Pin(引脚)、Title Blocks(标题栏)、Globals(全局)、Ports(端口)、Aliases(别名),根据需要可对其修改。

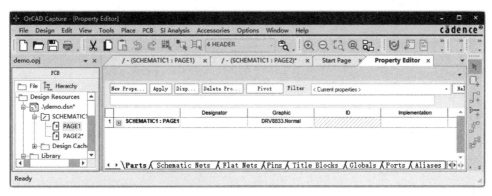

图 3.43　单个元件设置

(2) 多个元件属性设置。当需要同时对多个元件编辑时,选中多个元件后选择菜单栏中的 Edit→Properties 命令,弹出如图 3.44 所示的界面,可在一个界面中对多个元件的属性进行修改。

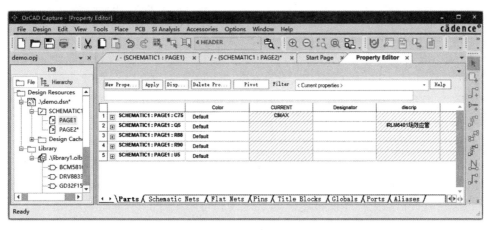

图 3.44　多个元件属性设置

3.5.5 元件边框编辑

元件边框编辑是指修改元件符号的形状,在元件排布和原理图连线的过程中,当出现元件过于拥挤时,应对元件边框进行编辑,适当调整元件的边框。选中元件后并右击,然后选择 Edit Part 选项,或者是选择菜单栏中的 Edit→Part 命令,弹出如图 3.45 所示的界面,在界面中可对元件边框进行修改。

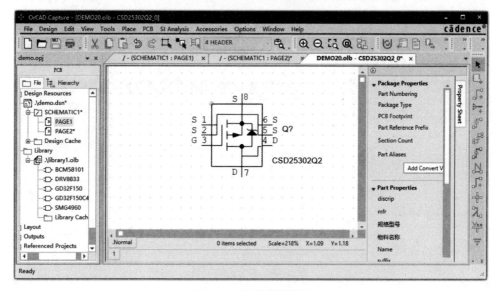

图 3.45 元件边框编辑

3.5.6 绘制导线

元件放置好之后,需要把不同的元件连接起来,元件之间的电气连接通过导线实现。在原理图中导线是具有电气特性的连线,放置导线的步骤如下。

(1) 进入导线模式。在原理图编辑环境中,选择界面右侧的图标 ,或者选择菜单栏中的 Place→Wire 命令,这时光标变成十形状,即进入连线模式。

(2) 连线。将光标移动到想要进行电气连接的元件引脚上,单击确定与该引脚进行连接,然后移动光标拉出一条直线,再连接到另外元件的引脚或导线上,示例如图 3.46 所示。

(3) 连线的拐弯模式。当连线的起点和终点不在同一水平方向或者不在同一垂直方向时,需要用拐弯模式来连线。具体操作是在拐弯位置上单击或者是按空格键,然后再移动光标连接到终点,即完成了拐弯模式的连线,如图 3.47 所示。

(4) 斜线模式连线。当连线网络在 PCB 走线时,需要走最短回流路径时,往往采用斜线的方式来连接元件引脚。在连线的过程中,单击的同时按住 Shift 键拉出一条斜线,然后松开 Shift 键继续绘制水平或者垂直的导线,示例如图 3.48 所示。

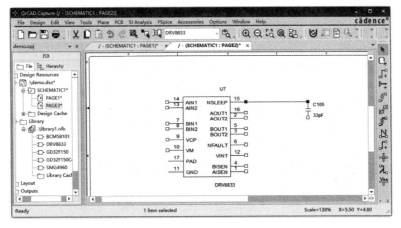

图3.46　导线连接

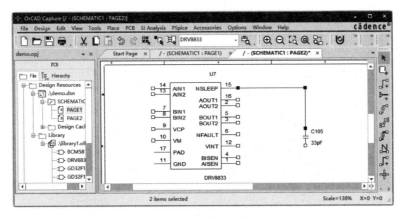

图3.47　拐弯模式连线

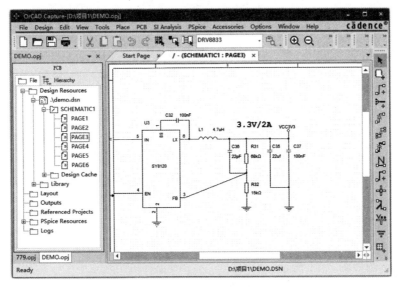

图3.48　斜线的连线模式

（5）连线的交叉模式。在原理图绘制的过程中经常会出现连线交叉的情况，连线交叉时分两种方式：一种是交叉点有电气连接，另一种是交叉点没有电气连接。当绘制有电气连接的交叉点时，单击交叉点，导线将在交叉点上出现一个实心的小圆点，即表示该交叉点有电气连接。示例如图 3.49 所示。

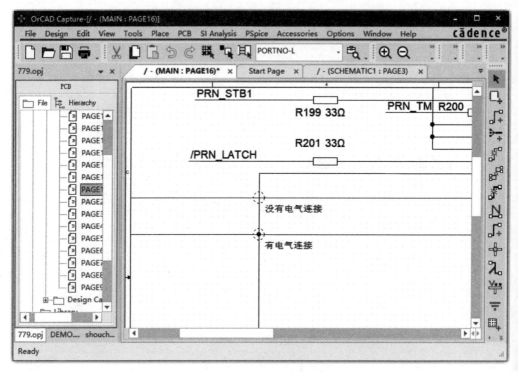

图 3.49　导线的交叉连接

3.5.7　绘制总线

原理图中的总线是一组具有相同属性的连线，在较为复杂的原理图中，用总线的绘制方法可使连线更加清晰，合理运用总线可以简化元件与元件之间的电气连接。绘制总线线的方法如下。

（1）进入总线绘制模式。在原理图绘制界面下，选择界面右侧的图标 ，或者是选择菜单栏中的 Place→Bus 命令，此时鼠标变成十形状，即进入连线模式。

（2）画线。将光标移动到指定位置，拖动鼠标在靠近元件同类属性的引脚附近，拉出一条总线，示例如图 3.50 所示。

（3）放置总线分支线。在原理图编辑界面下，选择界面右侧的图标 ，或者选择菜单栏中的 Place→Bus Entry 命令，然后移动鼠标，把分支线放置在总线的指定位置上，示例如图 3.51 所示。

（4）总线命名。总线的命名与网络标号命名类似，选择界面右侧的图标 ，或

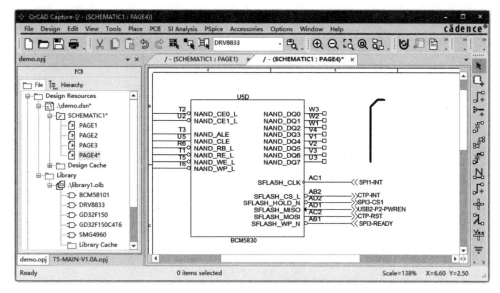

图3.50 绘制总线

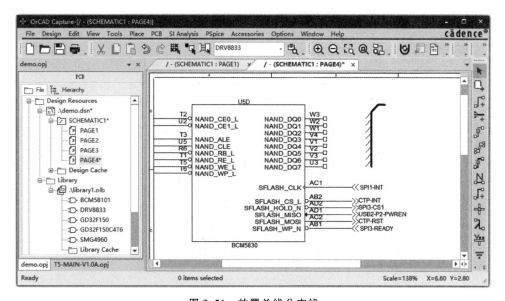

图3.51 放置总线分支线

者选择菜单栏中的 Place→Net Alias 命令，总线的命名应遵守一定的原则，示例如图3.52所示。

① 总线的名字不能用数字结尾。

② 总线的命名应能体现数据的宽度。

③ 总线命名需用中括号"[ ]"表示数据的起点和终点，如 DATA[0:15]、NAND_DQ[0-7]等。

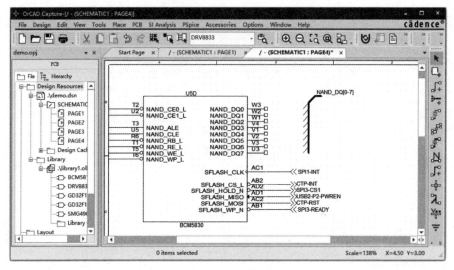

图 3.52　总线命名

（5）总线连线和放置网络标号。用导线把元件引脚与总线的分支线连接起来，同时给每一条导线添加网络标号，示例如图 3.53 所示。

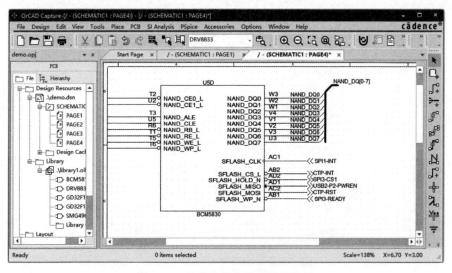

图 3.53　总线连线和放置网络标号

3.5.8　自动连线

Cadence 提供了自动连线功能，在绘制同类型的导线时，使用自动连线功能非常方便有效，既可以确保连线的正确性，也节省了连线操作的时间。自动连线分三种方式，根据连线的要求，分别是两点连线、多点连线、总线连线。

（1）两点连线。

选择菜单栏中的 Place→Auto Wire→Two Points 命令，或者单击工具栏中的

图标 ，光标变成交叉形状，然后移动光标选择连线的起点，如图 3.54（a）所示。再选择连线的终点，单击完成两点的自动连线，如图 3.54（b）所示。

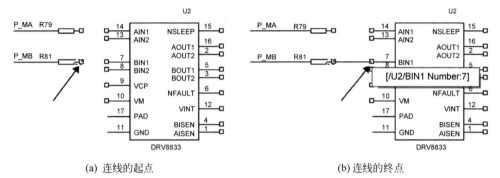

(a) 连线的起点　　　　　　　　　　　(b) 连线的终点

图 3.54　连线的起点和终点

（2）多点连线。

选择菜单栏中的 Place→Auto Wire→Multiple Points 命令，或者单击工具栏中的图标 ，光标变成交叉形状，然后依次选择需要连接的连接点，示例如图 3.55（a）所示。选择完连接点后，右击，弹出如图 3.56 所示的快捷菜单，选择 Connect 选项，即可完成所选连接点的电气连接，如图 3.55（b）所示。

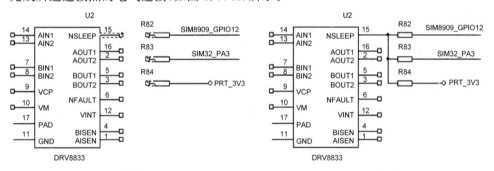

(a) 选择连接点　　　　　　　　　　(b) 多点自动连接

图 3.55　多点连线

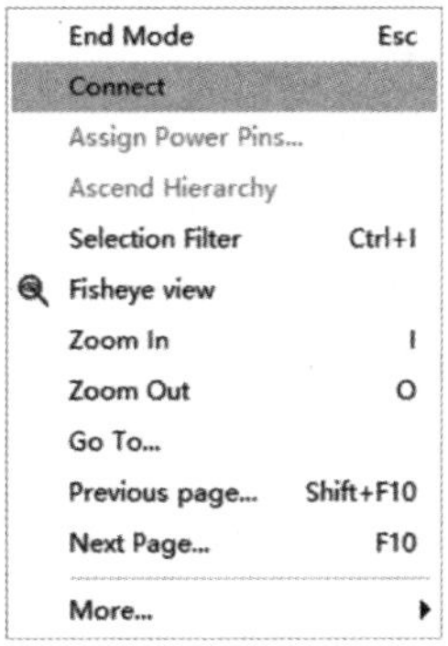

End Mode	Esc
Connect	
Assign Power Pins...	
Ascend Hierarchy	
Selection Filter	Ctrl+I
Fisheye view	
Zoom In	I
Zoom Out	O
Go To...	
Previous page...	Shift+F10
Next Page...	F10
More...	▶

图 3.56　选择 Connect 选项

（3）总线连线。

选择菜单栏中的 Place→Auto Wire→Connect to Bus 命令，或者单击工具栏中的 Auto Connect to Bus 图标 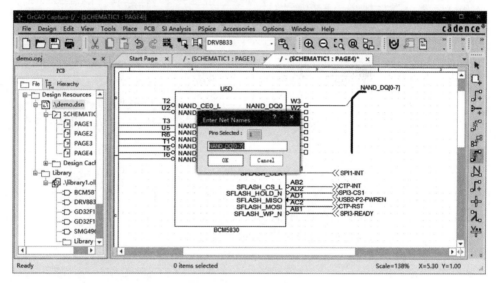，光标变成交叉形状，然后在元件引脚与总线之间进行连线，需先单击元件引脚，然后再单击总线，同时会弹出 Enter Net Name 对话框，可在对话框中输入网络标号，示例如图 3.57 所示。

图 3.57　连接到总线

3.5.9　放置网络连接符

元件与元件之间的电气连接，可以用导线直接连接，也可以用放置网络连接符的方式来连接，还可以放置页连接符和端口连接符的方式来连接。一般情况下，在同一张图纸中的信号电气连接使用网络连接符，不同页的信号电气连接使用页连接符，而端口连接符常用在层次式原理图中。

（1）放置网络连接符。选择菜单栏中的 Place→Net Alias 命令，或者单击工具栏中的 Place Net Alias 图标 ，弹出如图 3.58 所示的对话框，在 Alias 栏中输入网络连接符，网络连接符名字必需完全一致才能连接成功。可选择网络连接符的颜色，单击 Color 选择颜色，也可以选择放置时的角度。输入和设置完网络连接符后，移动光标把网络连接符放置到连线上，如图 3.59 所示。

（2）放置页连接符，选择菜单栏中的 Place→Off-Page Connector 命令 ，或者单击工具栏中的 Place port 图标 ，弹出如图 3.60 所示的对话框，在对话框中选择元件库 CAPSYM，Symbol 栏会显示页连接符，然后双击所选项，在光标上显示浮动的页连接符，左击完成放置。放置完成后还需要添加页连接符的名称，添加页连接符名称的对话框如图 3.61 所示。

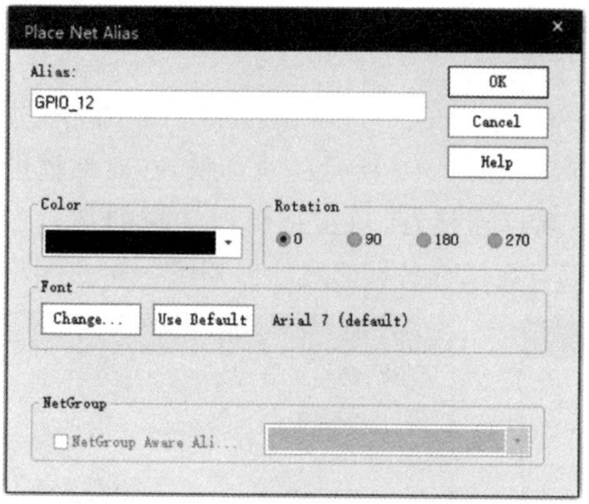

图 3.58　Place Net Alias 对话框

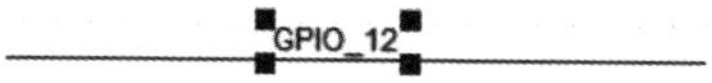

图 3.59　放置网络连接符

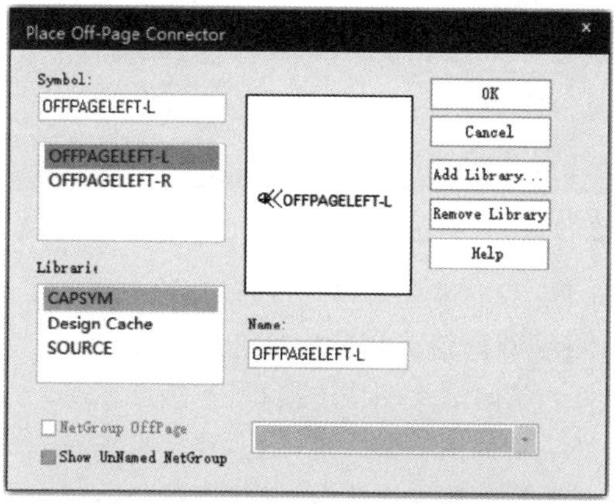

图 3.60　Place Off-Page Connector 对话框

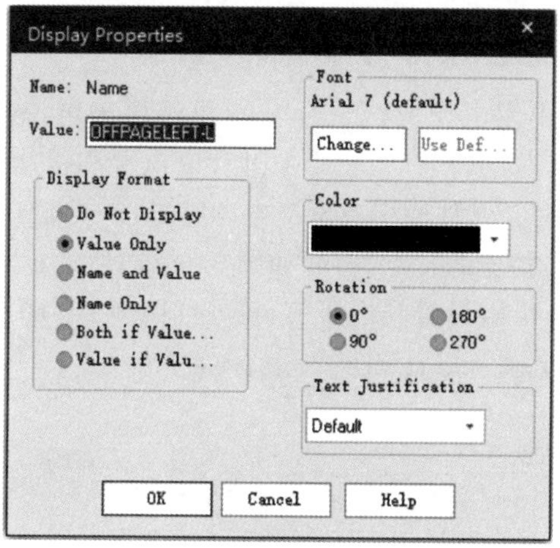

图 3.61　添加页连接符名称的对话框

- OFFPAGELEFT-L：箭头在左侧的页连接符。
- OFFPAGELEFT-R：箭头在右侧的页连接符。

（3）放置端口连接符。选择菜单栏中的 Place→Hierarchical Port 命令，或者单击工具栏中的 Place port 图标🖰，弹出如图 3.62 所示的对话框，在对话框中选择元件库 CAPSYM，Symbol 栏会显示端口连接符，双击拖出所选择的端口连接符，然后再修改端口连接符名称，修改端口连接符名称的对话框如图 3.63 所示。

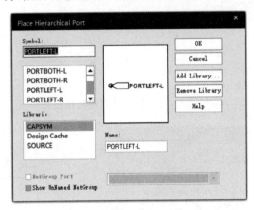
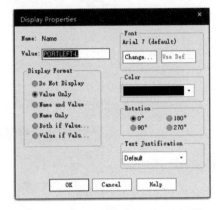

图 3.62　放置端口连接符对话框　　　　图 3.63　端口连接符名称修改对话框

- PORTBOTH-L：双向箭头端口连接符，连接点在左。
- PORTBOTH-R：双向箭头端口连接符，连接点在右。
- PORTLEFT-L：单向箭头端口连接符，连接点在左。
- PORTLEFT-R：单向箭头端口连接符，连接点在右。
- PORTNO-L：无箭头端口连接符，连接点在左。
- PORTNO-R：无箭头端口连接符，连接点在右。

3.5.10　放置电源符号和接地符号

没有哪种电路是不用电源的，Cadence 提供了多种电源符号和接地符号供用户选择，它们是一种特殊的符号，可以形象地代表电源和接地，同时也是一种元件。

（1）放置电源符号。元件库中有两类电源符号，一类是 CAPSYM 元件库提供的电源符号，具有全局相连的特点，符号如图 3.64(a)所示；另一类是 SOURCE 元件库提供的电源符号，可以设置其电压值，符号如图 3.64(b)所示。

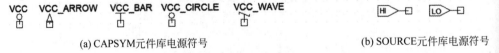

(a) CAPSYM元件库电源符号　　　　　　　　　　(b) SOURCE元件库电源符号

图 3.64　放置电源符号

电源符号的放置方法，选择菜单栏中的 Place→Power 命令，或者单击工具栏中的 Place Power 图标🖰，弹出如图 3.65 所示的对话框，在对话框中选择需要的电源符号即可。

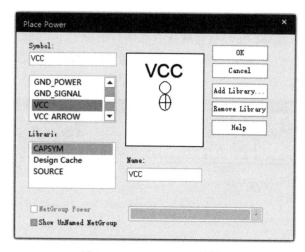

图 3.65　Place Power 对话框

（2）放置接地符号，选择菜单栏中的 Place→Ground 命令，或者单击工具栏中的 Place ground 图标 ⏚，弹出如图 3.66 所示的对话框，在对话框中选择所需要的接地符号，单击 OK 按钮，光标上会显示浮动的接地符号，移动光标把接地符号放置到指定的地方即可，如图 3.67 所示。

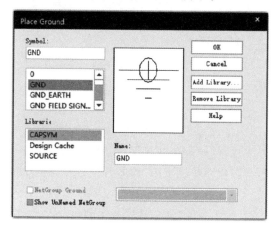

图 3.66　选择接地符号

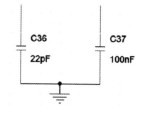

图 3.67　放置接地符号

3.5.11　放置非连接符号

针对不需要连接的元件引脚，放置非连接符号。如果不放置任何连接符号而让元件的引脚悬空，系统在进行 ERC 检查时会出现警告信息，有可能影响网络文件的生成。放置的非连接符号，本身不具有任何电气连接特性，其意义是让系统忽略对此处的 ERC 检查，不输出此处的警告信息，非连接符号也称为 NO ERC 检查符。放置非连接符号的操作步骤如下。

（1）选择菜单栏中的 Place→No Connect 命令，或者单击工具栏中的图标 ，这时光标上拖着一个浮动交叉符号。

（2）移动光标把非连接符放置到指定的器件引脚上，左击即可完成放置，放置完成后光标仍处于放置非连接符号的状态，重复操作可继续放置，放置了非连接符的元件引脚如图 3.68 所示。

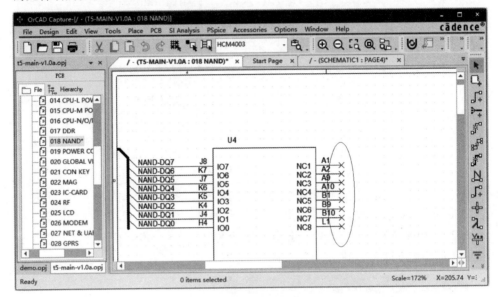

图 3.68　放置非连接符号

3.6　非电气对象的放置

原理图的非电气对象是指电路图中的文字注释、辅助图片、辅助线等，它们没有电气属性，但可以增强原理图的可读性，使原理图的界面更清晰。放置非电气对象不会影响原理图的编译速度，也不会影响系统的 ERC 检查和网表文件的生成。

3.6.1　放置辅助线

放置辅助线可以把原理图的功能模块适当分开，以及通过放置辅助线来标明电流的流向，让原理图界面的数据更完整，操作方法如下。

（1）选择菜单栏中的 Place→Line 命令，鼠标的光标变成十字形，系统处于绘制直线的状态。

（2）在需要绘制直线的位置上左击，确定起点，移动光标拖出一条直线后单击确定终点。绘制完一条直线后，系统仍处于绘制直线状态，重复上面的方法可继续放置直线。

（3）右击弹出对话框后选择 End Mode（结束模式）选项，或者按键盘上的 Esc

键,退出绘图模式。

（4）直线绘制完成后,一般还需要设置直线的属性,双击需要设置属性的直线,弹出 Edit Graphic 对话框,可在对话框内分别设置线型、线宽和线条颜色,如图 3.69 所示。

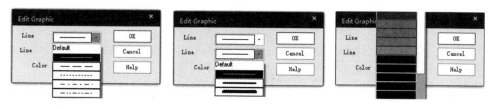

图 3.69　设置直线的属性

3.6.2　绘制矩形

如果用放置辅助线的方法来绘制矩形,操作过程比较麻烦,需要绘制多条直线,可直接用绘制矩形的命令直接完成矩形的绘制,操作方法如下。

（1）选择菜单栏中的 Place→Rectangle 命令,鼠标的光标将变成十字形。

（2）将十字形光标移动到指定位置,单击然后拖动光标拉出一个矩形,然后单击即可完成矩形框的放置。

（3）绘制完成后,一般还需要对矩形框进行属性设置。双击矩形框,弹出 Edit Filled Graphic 对话框,在对话框中可设置矩形的填充样式、线型、线宽等,如图 3.70 所示。

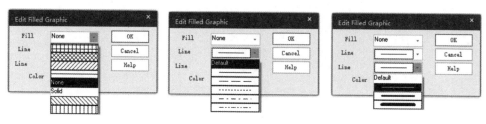

图 3.70　设置矩形框的属性

3.6.3　放置字符

当电路原理图较为复杂时,需要对电路的原理和功能进行描述。这时就需要放置文本字符,文本字符放置操作方法如下。

（1）选择菜单栏中的 Place→Text 命令,或者是按快捷键 T,弹出 Place Text 对话框,如图 3.71 所示。

（2）在对话框的空白处输入字符,同时设置字符的字体、颜色等。

- Color:字符颜色设置。
- Rotation:字符角度设置,0°、90°、180°、270°可选。

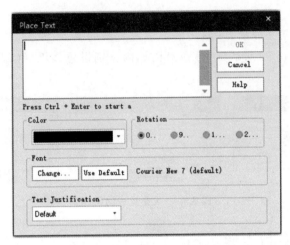

图 3.71　Place Text 对话框

- Font：字符的字体设置，单击 Change 按钮，可选择不同的字体，如图 3.72 所示。

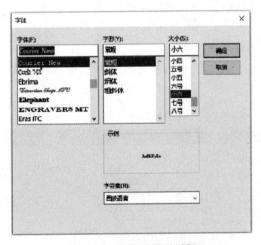

图 3.72　字体设置对话框

- Text Justification：字符的对齐方式，可设置左对齐、右对齐或者中心对齐。

（3）输入完字符并设置了字体的属性后，单击 OK 按钮，把字符放置在原理图指定的位置上。

3.6.4　放置图片

Cadence 17.4 提供在原理图中放置图片的功能，在原理图中放置图片的目的是更加形象地说明电路的功能特点，如把关键的信号时序图放置在其模块电路的附近等。放置图片的操作步骤如下。

（1）选择菜单栏中的 Place→Picture 命令，弹出如图 3.73 所示的对话框。

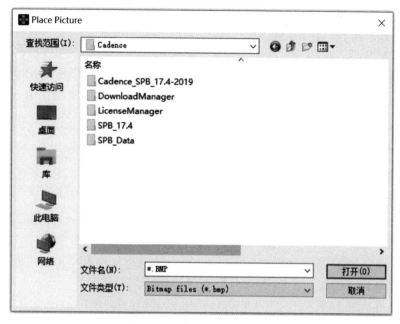

图 3.73　Place Picture 对话框

（2）在对话框中选择需要放置的图片，注意图片格式仅支持单色的.BMP 文件格式。选择好图片文件后，单击打开按钮，光标将附有一个浮动的图片，把图片放置到指定的位置即可，如图 3.74 所示。

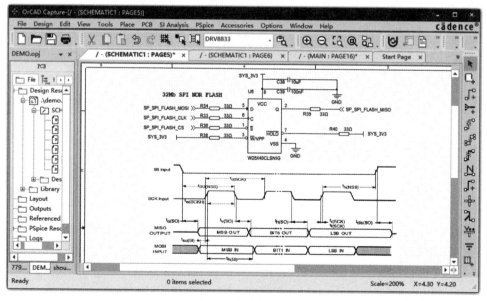

图 3.74　放置图片

3.7 原理图全局编辑

原理图绘制完成后,还需要对整个原理图进行适当的全局编辑,如元件位号的编辑、元件属性的修改和网络标号的修改等,本章将阐述原理图的全局编辑功能。

3.7.1 元件位号编辑

元件调用时经常会利用元件复制的功能,元件复制后会存在位号不合理等问题,因此需要对元件位号进行全局的编辑,操作方法如下。

(1) 选择菜单栏中的 Tools→Annotate 命令,弹出 Annotate 对话框,在对话框的 Action 栏选择 Reset part references to"?"选项,如图 3.75 所示。

(2) 在图 3.75 所示的对话框中单击"确定"按钮,复位所有元件的位号,此时元件位号变成了?,如图 3.76 所示。

(3) 再次选择菜单栏中的 Tools→Annotate 命令,弹出如图 3.75 所示的 Annotate 对话框,在对话框的 Action 栏选择 Incremental reference update 选项。然后单击"确定"按钮,重新编排所有元件的位号,编排后的元件位号如图 3.77 所示。

3.7.2 元件属性编辑

元件库中的元件会自带一些属性,如果还需要添加元件属性时,可以对元件属性进行编辑,增加相应的属性项,操作方法如下。

(1) 选中元件后并右击,弹出如图 3.78 所示的快捷菜单,然后选择 Edit Properties 选项,或者直接双击元件,弹出如图 3.79 所示的对话框。

(2) 在图 3.79 中单击 New property 按钮,弹出如图 3.80 所示的对话框,在 Name 栏输入添加的属性,如输入 Temperature Range,Value 栏可暂时不填写,后续统一填写。

(3) 输入完成后,单击 Apply 按钮,这样就添加了元件的属性,如图 3.81 所示。

3.7.3 网络标号编辑

放置完网络连接符后,在原理图检查的过程中,经常需要对网络标号进行编辑,以便让网络标号更能表达该网络的功能,网络标号编辑操作步骤如下。

(1) 选中网络标号后并右击,弹出如图 3.82 所示的快捷菜单。然后选择 Edit Properties 选项,或者双击网络标号,弹出如图 3.83 所示的对话框。

(2) 在 Value 栏输入网络标号,输入完成后,单击 OK 按钮,即完成了网络标号的修改,如图 3.84 所示。

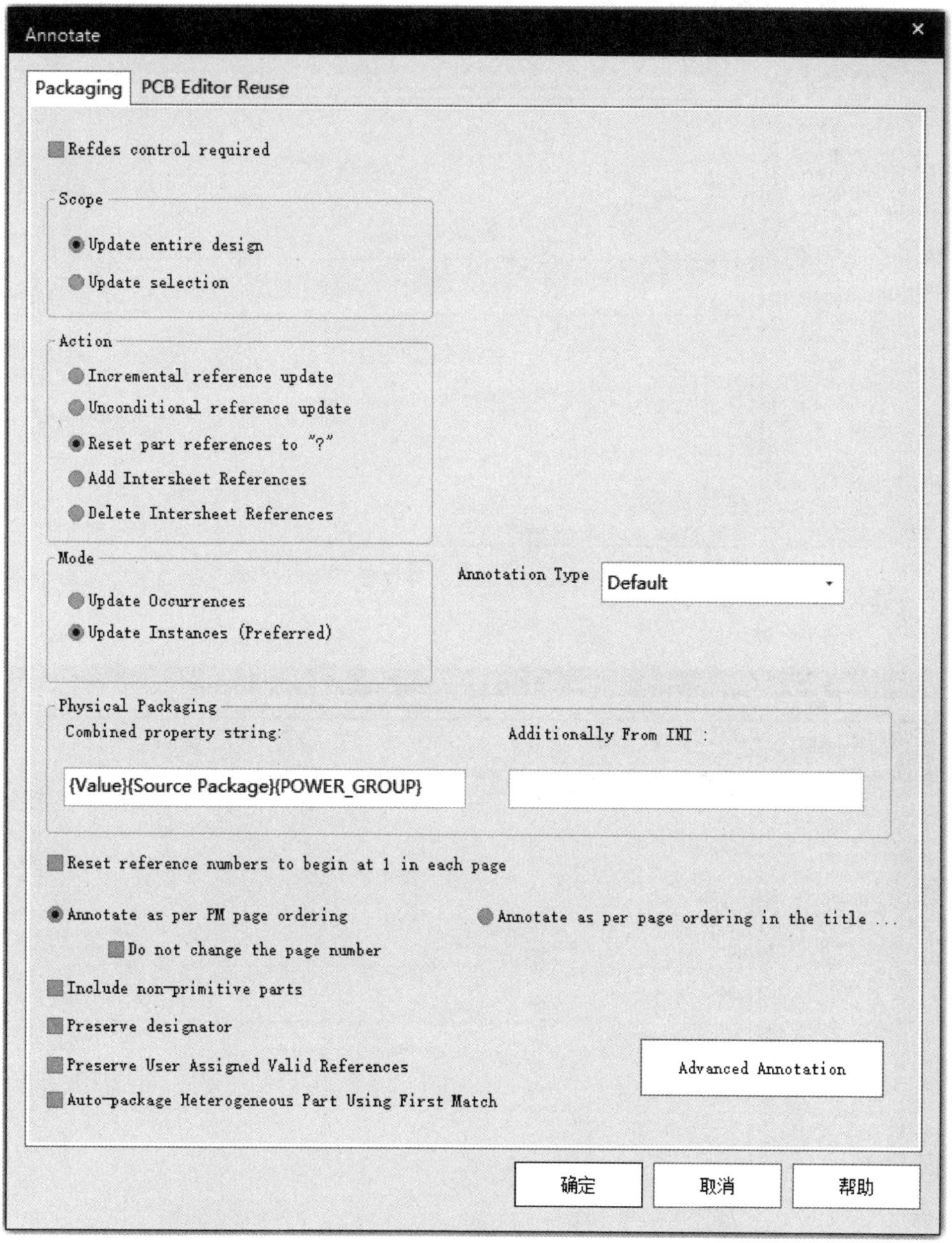

图 3.75　Annotate 对话框

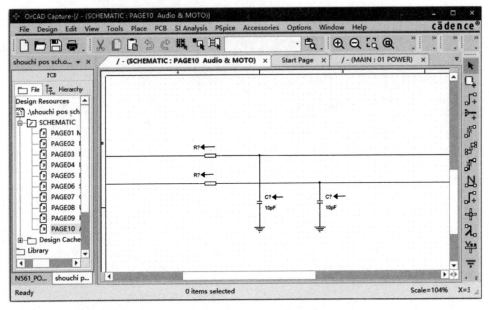

图 3.76　复位元件位号

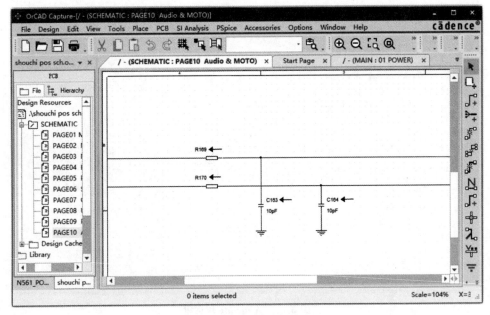

图 3.77　编排后的元件位号

图 3.78　选择 Edit Properties 选项

图 3.79　元件属性对话框

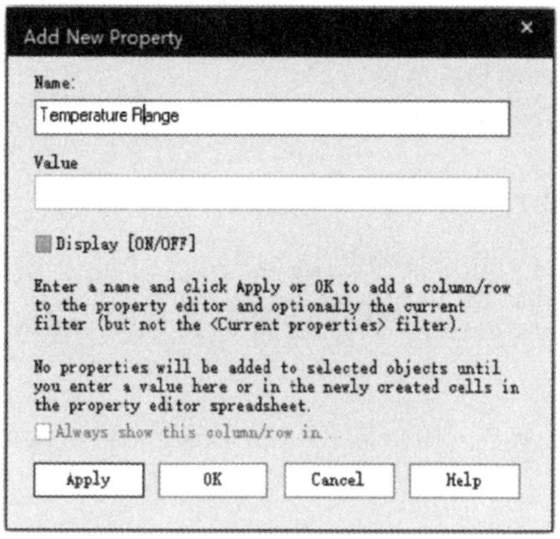

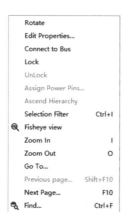

图 3.80　Add New Property 对话框

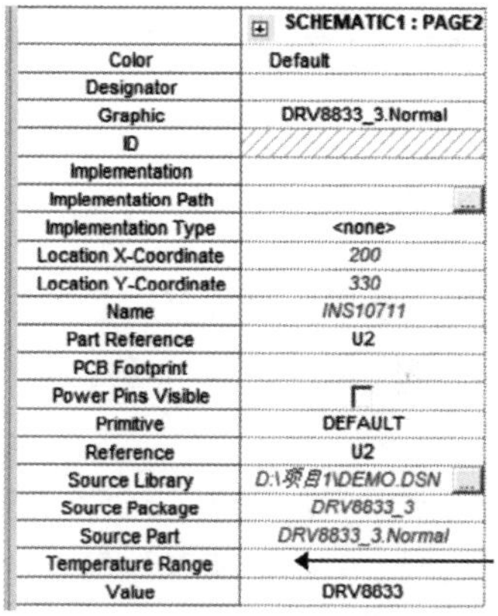

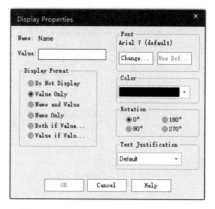

图 3.81　添加元件属性

图 3.82　选择 Edit Properties 选项

图 3.83　Display Properties 对话框

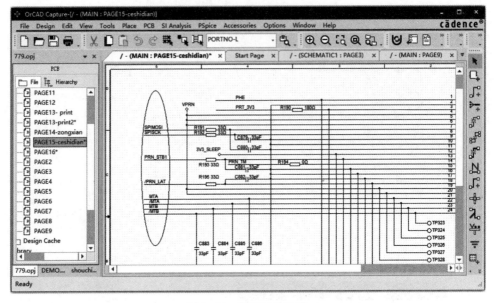

图 3.84　网络标号编辑

3.7.4　原理图的查找功能

复杂的原理图很难直接找到某个元件或者某个网络标号,这时可以使用系统的查找功能来快速定位和查找元件,Cadence OrCAD 提供了类似 Windows 的查找功能。

(1) 按快捷键 Ctrl+F,或者是单击工具栏中的 Searchs in Design or Schematic 图标,弹出如图 3.85 所示的界面。

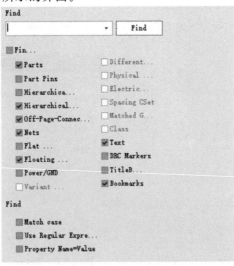

图 3.85　网络标号查找

（2）选择查找范围，单击界面左侧的工程文件进行选择，如选择单页只能在该页内查找，如选择工程文件则可在全局范围内查找。选择单页范围查找如图 3.86 所示，选择全局范围查找如图 3.87 所示。

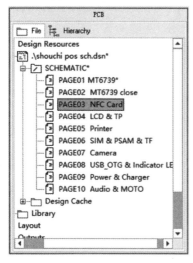

图 3.86　选择单页范围查找

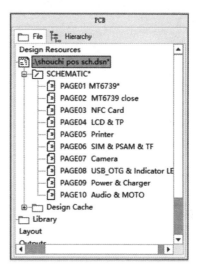

图 3.87　选择全局范围查找

（3）执行查找，选择好查找范围后，在图 3.85 所示的界面输入要查找的内容，如需精准查找可勾选相应的项进行查找，然后单击 Find 按键，查找结果会在界面的下方显示出来，如图 3.88 所示（以查找网络标号 PRN_STB1 为例）。

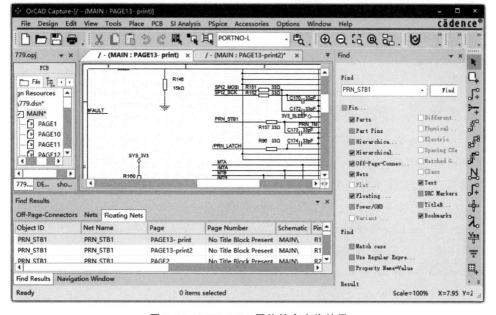

图 3.88　PRN_STB1 网络符合查找结果

（4）双击查找的结果，图纸将跳转到查找内容的原理图页面，系统将用粗线条显示出来，如图 3.89 所示。

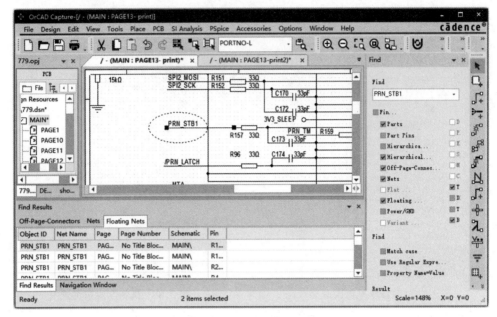

图 3.89　查找到的内容

3.8　原理图后期处理

原理图设计完成之后，在 PCB layout 之前，硬件工程师除了进行原理图的自查外，还需要利用 Cadence OrCAD 自带的工具对原理图进行一些后期处理，确定原理图电气连接的正确性，以及避免一些常规性的错误。

3.8.1　设计规则检查

设计规则检查（Design Rules Check）是指按照一定的电气规则，检查已经绘制好的原理图中是否存在违反电气规则的错误，例如电气特性是否一致、电气参数设置是否合理、元件位号是否重复等。

（1）选择菜单栏中的 PCB→Design Rules Check 命令，或者单击工具栏中的 Design Rules Check 图标 ，弹出 Design Rules Check 对话框，如图 3.90 所示，对话框中有 5 个选项，分别是 Options、Rules Setup、Report Setup、ERC Matrix、Exception Setup，说明如下。

① Online DRC 栏：选择 ON 即可，开启 DRC 检查。

② DRC Action 栏：选择 Run on Design，即 DCR 检查整个工程项目的原理图。

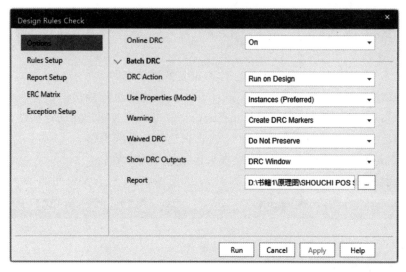

图 3.90　DRC 检查的 Options 选项

③ Use Properties(Mode)栏：DRC 模式选择，选择 Instances(Preferred)模式即可。

④ Warning 栏：警告信息处理方法，选择 Create DRC Markers，即发生错误时产生警告信息。

⑤ Waived DRC 栏：选择 Do Not Preserve 即可。

⑥ Show DRC Outputs 栏：选择默认项 DRC Window 即可。

⑦ Report 栏：DRC 报告输出位置，一般和工程文件在一个目录下。

（2）Rules Setup 选项的内容如图 3.91 所示，选项栏含义说明如下。

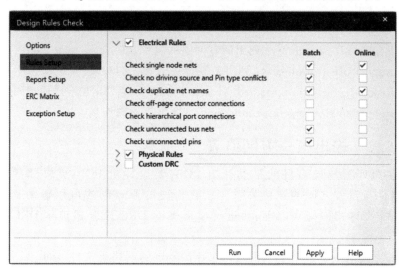

图 3.91　DRC 检查的 Rules Setup 选项

① Check single node nets：检查单节点网络。

② Check no driving source and Pin type conflicts：检查驱动器引脚的特征，该项只有在高速仿真时才用到。

③ Check duplicate net names：检查重复的网络名称。

④ Check off-page connector connections：检查跨页连接符的正确性。

⑤ Check hierarchical port connections：检查层次式原理图的连接性。

⑥ Check unconnected bus nets：检查未连接的总线网络。

⑦ Check unconnected pins：检查未连接的元件引脚。

（3）Report Setup 选项的内容如图 3.92 所示，选项栏含义说明如下。

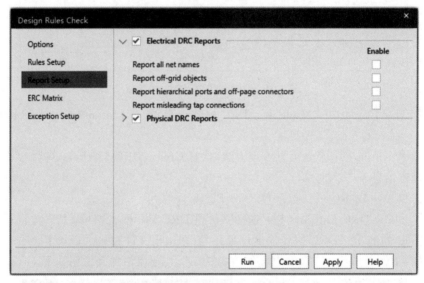

图 3.92　DRC 检查的 Report Setup 选项

① Report all net names：列出所有网络的名称。

② Report off-grid objects：列出未放置在格点上的对象。

③ Report hierarchical ports and off-page connectors：列出层次式原理图的端口。

④ Report misleading tap connections：列出错误的连接。

3.8.2　输出第一方网络表

绘制原理图的最终目的是设计出 PCB，要设计出 PCB，就需要建立网络表，即器件与器件之间的连接关系。只有正确的原理图才可以输出完整无误的网络表，在输出网络表之前，要进行原理图的 DRC 检查和排除 DRC 检查中的错误。

第一方网络表是指用于 Allegro PCB Editor 的网络表文件，输出第一方网络表的操作方法如下。

（1）选中原理图的根目录，选择菜单栏中的 Tools→Create Netlist 命令，或者单击工具栏中的 Create Netlist 图标🗒，操作过程如图 3.93 所示。

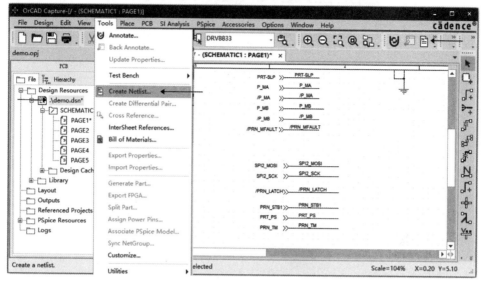

图 3.93 选择 Create Netlist 命令

（2）选择 Create Netlist 命令后，弹出如图 3.94 所示的对话框，勾选 Create PCB Editor Netlist 选项。

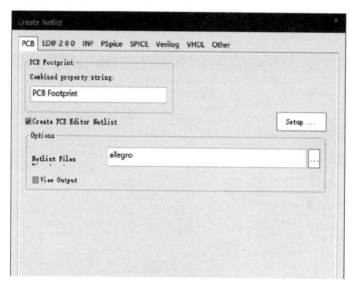

图 3.94 网络表对话框

（3）在图 3.94 中单击右侧 Setup 按钮，弹出如图 3.95 所示的对话框，选项 Ignore Electrical constraints 可不勾选，因为绘制原理图时一般不会设置 PCB 规则，然后单击 OK 按钮，即完成了第一方网络表的输出。

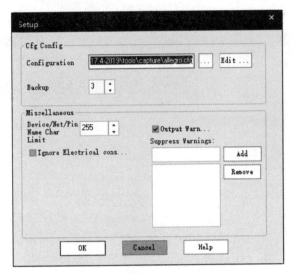

图 3.95 网络表的设置对话框

3.8.3 输出第三方网络表

第三方网络表是指除了 Allegro PCB Editor 以外的网络表文件，Cadence OrCAD 可输出多种 PCB 软件对应的网络表，输出第三方网络表的操作步骤如下。

（1）选择原理图根目录，选择菜单栏中的 Tools→Create Netlist 命令，操作界面如图 3.96 所示。

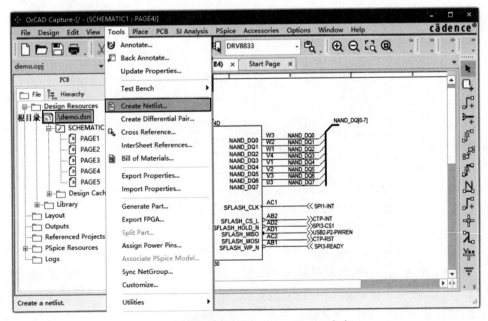

图 3.96 选择根目录和 Create Netlist 命令

（2）选择 Create Netlist 命令后，弹出如图 3.97 所示的对话框，在对话框中选择 Other 选项卡，并在 Formatters 栏中选择要输出的第三方 PCB 软件，然后单击 OK 按钮即可完成。

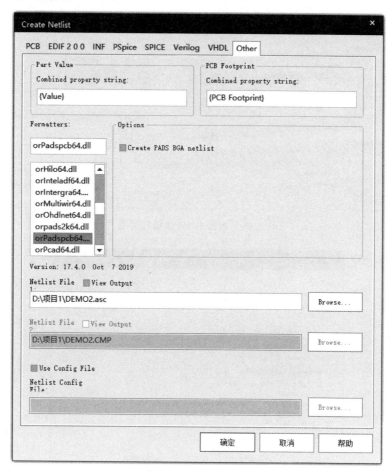

图 3.97　输出第三方网络表

3.8.4　BOM 表输出

Cadence OrCAD 提供了较为灵活的 BOM 表输出功能，可对 BOM 表的输出项进行编辑、增加和删除，BOM 表输出的操作步骤如下。

（1）选中原理图的根目录，选择菜单栏中的 Tools→Bill of Materials 命令，或者单击工具栏中的 Bill of Materials 图标 ，操作界面如图 3.98 所示。

（2）选择 Bill of Materials 命令后，弹出 Bill of Materials 对话框，如图 3.99 所示，在对话框中须设置相关项的内容，说明如下。

① Scope 栏：选择 Process entire design，即生成整个设计的 BOM 表。

② Mode 栏：选择 Use instances（Preferred），即使用当前属性。

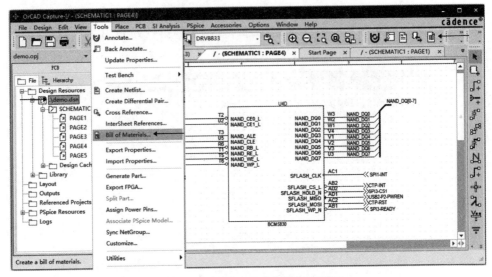

图 3.98　输出 BOM 表操作界面

图 3.99　Bill of Materials 选项

③ Line Item Definition 栏：定义 BOM 表的内容选项，默认的选项有 Item、Quantity、Reference、Part，除了这些，也可以添加新的选项。

④ Place each part entry on a separate line 选项：一般情况不用勾选，如果勾选，BOM 表中的每个元件占一行。

⑤ Open in Excel 选项：一般情况应勾选，BOM 表用 Excel 的方式打开。

⑥ Merge an include files with report 选项：不用勾选，如勾选则在 BOM 表文件中加入其他文件。

⑦ View Output 选项：一般不用勾选此项，如果勾选则在创建 BOM 清单后打开输出的结果。

（3）在图 3.99 中设置好选项后，单击 OK 按钮，即可完成 BOM 表的输出，输出 Excel 格式的 BOM 表稍作调整，输出的 BOM 表如图 3.100 所示。

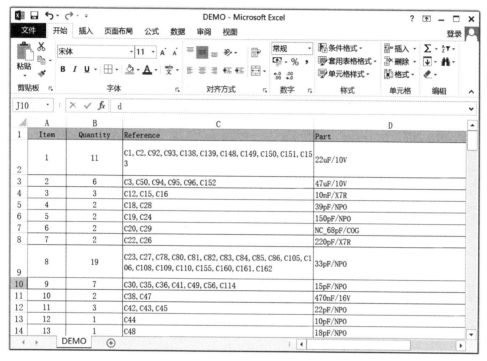

图 3.100　Excel 表格 BOM 清单

3.9　打印输出

为了方便原理图的直接浏览，或者是发给其他人阅读，经常需要将原理图打印出来。OrCAD Cadence 提供的原理图打印功能还算不错。

3.9.1　打印属性设置

打印原理图是一件愉快的事情，此时原理图的绘制已完成，原理图的编辑和后期处理也已完成。不过在打印之前，需要进行打印机属性的设置，不要匆匆忙忙的打印，打印属性设置操作步骤如下。

（1）选择菜单栏中的 File→Print Setup 命令，弹出如图 3.101 所示的对话框，在对话框中设置相关内容，说明如下。

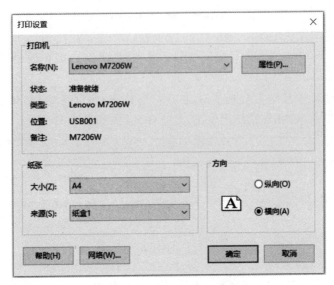

图 3.101 "打印设置"对话框

- 打印机选项：选择具体的打印机名称，或者输出 PDF 文档。
- 纸张选项：设置打印机所需纸张的尺寸，一般选择 A4 纸张。
- 方向选项：一般选择横向。
- 属性选项：单击属性按钮，可进一步设置所选打印机的属性，如图 3.102 所示。

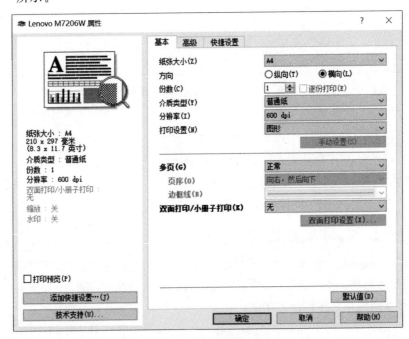

图 3.102 打印机属性设置

（2）设置完成后，在图 3.102 中单击"确定"按钮保存设置项，即可完成打印机属性设置。

3.9.2　局部打印设置

有时只需要打印局部的原理图，Cadence OrCAD 提供了局部打印功能，该功能必须在原理图的编辑窗口才能被激活。

（1）选择菜单栏中的 File→Print Area→Set 命令，此时光标变成十字型，在原理图的编辑界面拖动光标拉出一个适当大小的虚线框，将所需要打印的电路图设置在该区域内，如图 3.103 所示。

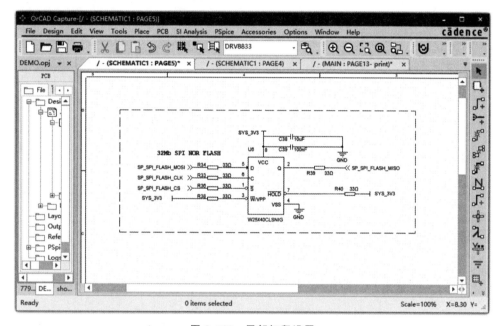

图 3.103　局部打印设置

（2）如果需要重新选择打印区域，选择菜单栏中的 File→Print Area→Clear 命令，先取消已经设置的局部打印区域，然后再选择菜单栏中的 File→Print Area→Set 命令即可。

3.9.3　打印预览与打印

为了保证打印效果，在打印设置完成后应进行预览，看看打印出来的效果是什么样子的，是否符合我们的预期。

（1）选择菜单栏中的 File→Print Preview 命令，弹出如图 3.104 所示的 Print Preview 对话框，注意如果打印属性设置的是转换成 PDF，部分预览项的功能将受到限制。

- Scale：设置打印比例，选择 Scale to paper size 是将原理图依照 Schematic

Page Properties 对话框中 Page Size 栏设置的尺寸打印。选择 Scale to page size 是将原理图依照本对话框 Print Preview 中的 Page size 栏设置的尺寸打印。选择 Scaling 是将原理图按缩放比例打印。

- Print offsets：设置打印纸的偏移量。
- Print quality：设置打印品质(分辨率)。
- Copies：设置打印的份数。
- Print all colours in black：如勾选此项,将采用黑白两色打印。

(2) 设置完打印预览选项后,单击 OK 按钮进行预览。

(3) 如打印预览符合预期要求,将界面切换到项目管理器,选择菜单栏中的 File→Print 命令,弹出如图 3.105 所示的对话框,单击 OK 按钮开始打印。

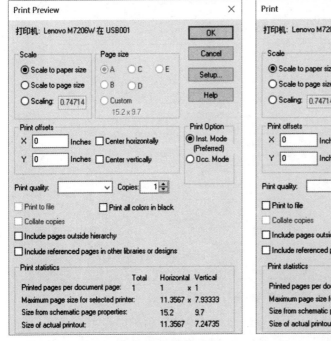
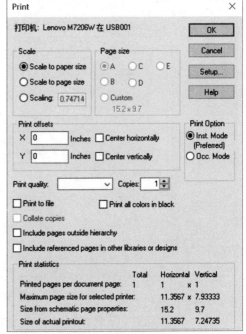

图 3.104 打印预览对话框   图 3.105 打印对话框

3.10 原理图绘制实例

通过前面章节的介绍,相信读者已经理解了原理图绘制的全过程。本节将给读者讲述一个实例,把理论与实践相结合,复习前面讲述的操作方法。练习、练习、再练习,通过练习熟能生巧,任何技能的掌握都离不开练习,绘图也不例外。下面以绘制 STM32F103 开发板举例说明,电路由 STM32F103 最小系统、电源电路等组成。

3.10.1　工程文件创建

原理图绘制的第一步是建立原理图工程文件，创建一个原理图工程文件的操作方法如下。

（1）选择菜单栏中的 File→New→Project 命令，操作过程如图 3.106 所示。

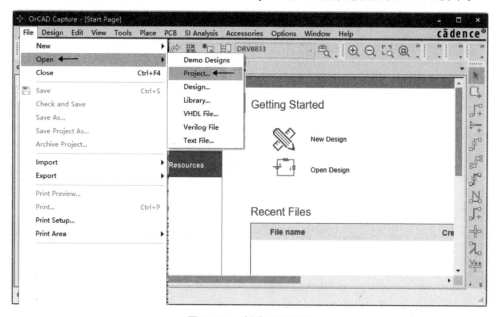

图 3.106　创建工程项目

（2）在弹出的对话框中，输入工程文件的名称和设置工程文件的存放路径，如图 3.107 所示，然后单击 OK 即可完成工程文件的创建。

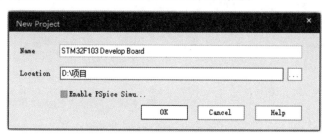

图 3.107　New Project 对话框

3.10.2　元件库创建

一般情况新项目需要创建一个新的元件库，把项目中引入新器件的封装放置在该元件库中，以方便元件的管理和调用，元件库创建操作步骤如下。

（1）选择菜单栏中的 File→New→Library 命令，操作界面如图 3.108 所示。

（2）选择完命令后，在界面左侧 Library 目录下显示出新建元件库的名称，即

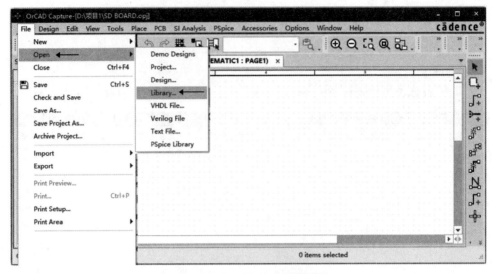

图 3.108　新建元件库操作过程

完成了元件库的创建，如图 3.109 所示。

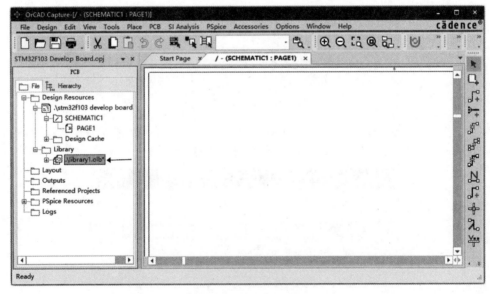

图 3.109　新建元件库

3.10.3　新元件制作

新的工程文件会引入新的元件，需要在新建的元件库中添加元件，以新建 STM32F103-LQFP48 元件封装举例说明，操作方法如下。

（1）在新建的元件库中添加元件，操作界面如图 3.110 所示，选中元件库后右击，在弹出的快捷菜单中选择 New Part 选项。

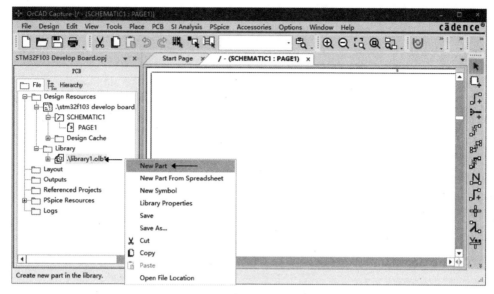

图 3.110　添加元件操作过程

（2）选择 New Part 命令后，弹出如图 3.111 所示的对话框，在对话框中的 Name 栏输入 STM32F103-LQFP48。

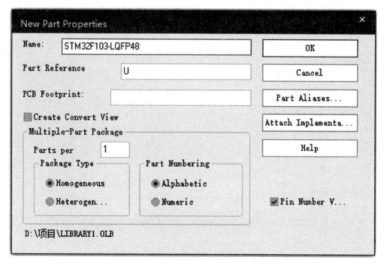

图 3.111　添加元件

（3）输入 STM32F103-LQFP48 后，单击 OK 按钮进入元件的编辑，如图 3.112 所示。

（4）绘制元件的外框，选择菜单栏中的 Place→Rectangle 命令，放置一个矩形框，如图 3.113 所示。矩形框放置完成后，需对矩形框的大小进行调整，以便元件引脚的放置。

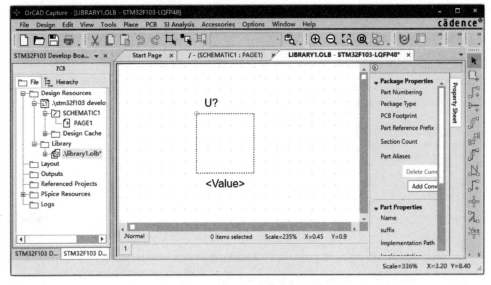

图 3.112　元件编辑界面

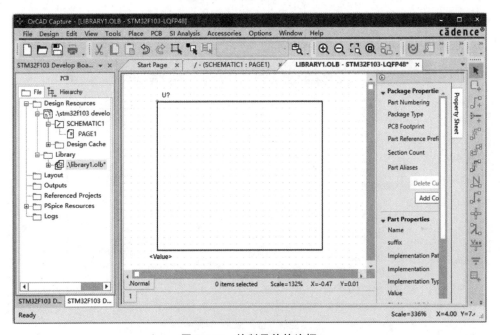

图 3.113　绘制元件的边框

（5）放置元件引脚，选择菜单栏中的 Place→Pin 命令，弹出如图 3.114 所示的对话框，在对话框的 Name 栏输入元件引脚的名称，在 Number 栏输入引脚的序号，其他项选默认值即可。然后单击 OK 按钮把元件引脚放置在元件边框合适的位置上，可以按元件外框逆时针放置元件引脚，如图 3.115 所示。

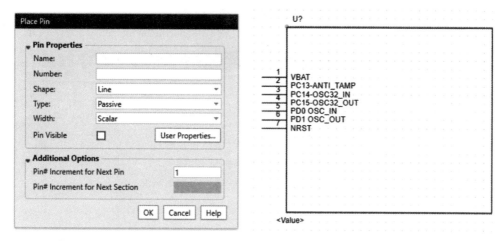

图 3.114 Place Pin 对话框　　　　　　　图 3.115 逆时针放置元件引脚

（6）逐个放置元件引脚，直到把所有的元件引脚放置完为止，在放置的过程中要适当调整引脚与引脚之间的间距，避免引脚名称字符有重叠的情况，制作完成的元件封装如图 3.116 所示。

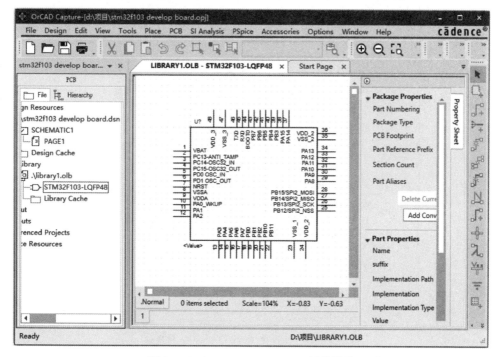

图 3.116 STM32F103-LQFP48 元件封装

3.10.4 图纸尺寸设置

Cadence OrCAD 17.4 默认的图纸是 A4 纸，由于该原理图的元件较多，须设置为 A3 图纸,图纸尺寸设置方法如下。

(1) 选择菜单栏中的 Option→Schematic Page Properties 命令,如图 3.117 所示。

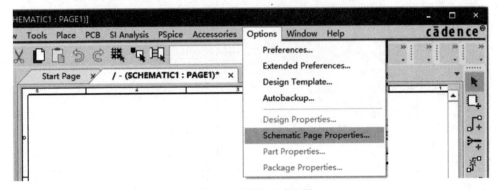

图 3.117　图纸尺寸设置

(2) 选择 Schematic Page Properties 命令后,弹出如图 3.118 所示的对话框,选择 A3 图纸,然后单击"确定"按钮,即完成了图纸尺寸的设置。

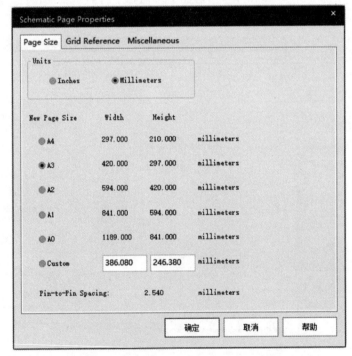

图 3.118　Schematic Page Properties 对话框

3.10.5　元件放置与布局

完成了图纸尺寸的设置后,把元件逐个放置在图纸的界面中,元件放置与布局操作步骤如下。

（1）在原理图的绘图界面，选择菜单栏中的 Place→Part 命令，或者单击工具栏中的 Place Part 图标 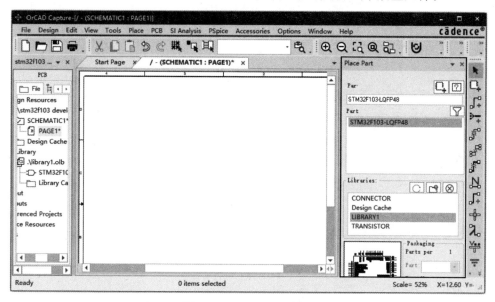，在界面的右侧弹出如图 3.119 所示的界面。在界面中选择相应的元件库，然后再选择元件，双击该元件，把该元件放置到图纸中。如调用相同的元件，为了简化操作，也可以采用复制和粘贴的方式来放置元件。

图 3.119　Place Part 界面

（2）调整元件的位置，使元件均匀布局在图纸上，同时放置电源符号，如图 3.120所示。

3.10.6　电气连接的放置

元件放置好之后，需要对元件之间的电气连接进行处理，这是原理图绘制较为重要的环节。在电气连接的过程中，还会对元件的位置进行重新调整，以便元件之间的连接更顺畅。

（1）选择菜单栏中的 Place→Wire 命令，如图 3.121 所示。或者单击工具栏中的 Place wire 图标 ，即进入连线模式。

（2）电气连接，根据设计要求进行元件引脚的电气信号连接，并放置网络连接符，连通后的原理图如图 3.122 所示。

3.10.7　元件位号重新排序

在元件调用和放置的过程中，元件的位号排序可能存在不规范或者重复的情况，这将会影响后期设计输出，需要对元件位号进行重新排序，操作方法如下。

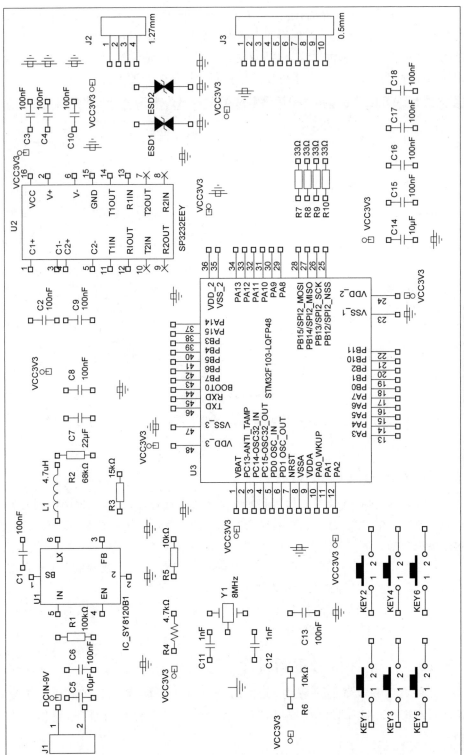

图 3.120 放置元件和电源符合

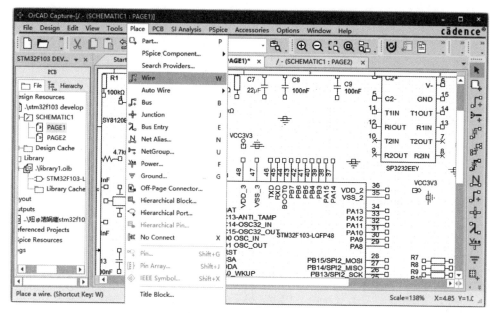

图 3.121　进入连线模式

（1）清除原来的编号。

选择菜单栏中的 Tools→Annotate 命令，在对话框的 Action 栏中选择 Reset Part References to "?"选项。然后单击"确定"按钮，复位所有元件的位号，可以看到复位后元件位号变成了?，如图 3.123 所示。

（2）重新编号，选择菜单栏中的 Tools→Annotate 命令，在对话框的 Action 栏中选择 Incremental Reference Update 选项，然后单击"确定"按钮，重新编号后的原理图如图 3.124 所示。

3.10.8　DRC 检查

完成了原理图的绘制后，需要进行 DRC 检查，即对电路原理图进行设计规则检查，确认元件封装的正确性、电气连接的正确性和电源连接的正确性。

（1）选择菜单栏中的 PCB→Design Rules Check 命令，或者单击工具栏中的 Design Rules Check 图标 。弹出 Design Rules Check 对话框，对话框中有 5 个选项，分别是 Options、Rules Setup、Report Setup、ERC Matrix、Exception Setup。其中 Report Setup、ERC Matrix、Exception Setup 按默认值即可。

（2）Options 选项按图 3.125 设置，Rules Setup 选项按图 3.126 设置，然后单击 Run 按钮，开始 DRC 检查。

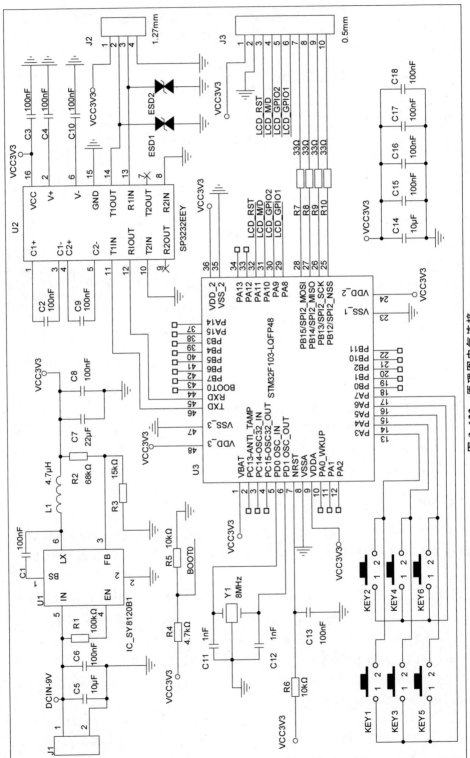

图 3.122　原理图电气连接

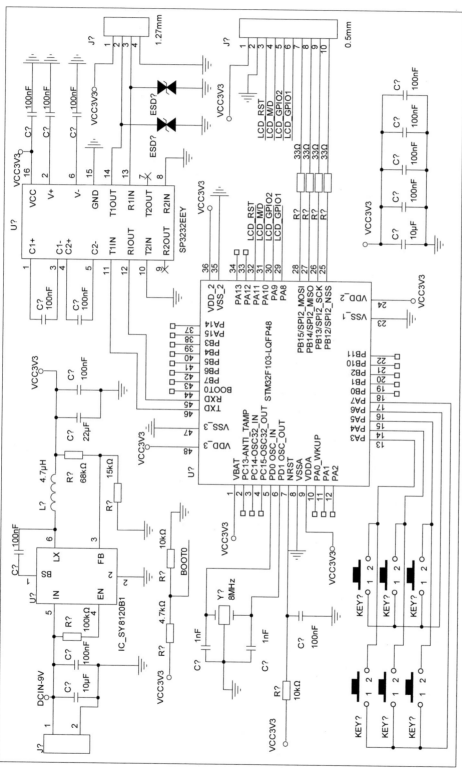

图3.123 复位元件位号

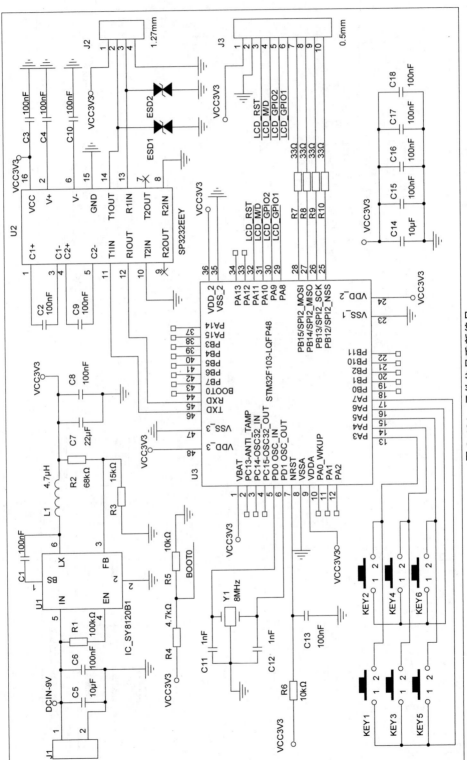

图 3.124 元件位号重新编号

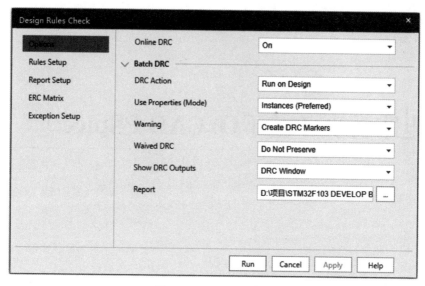

图 3.125 Options 选项

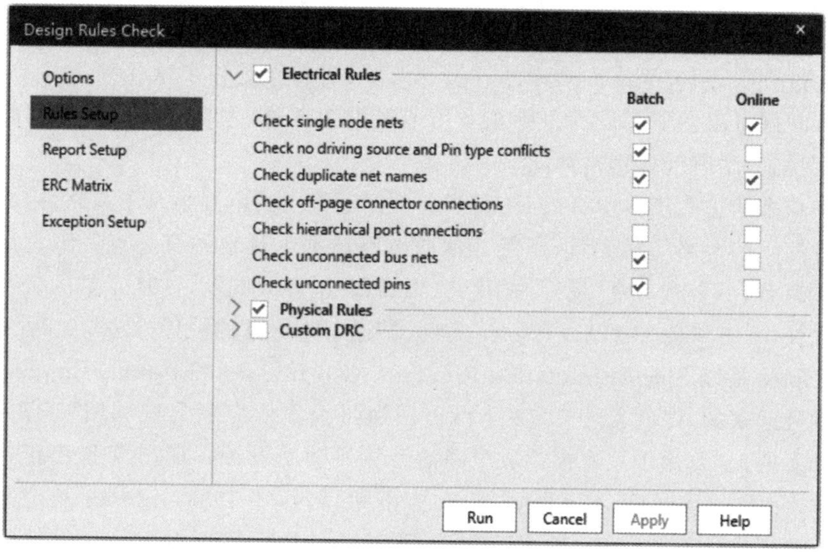

图 3.126 Rules Setup 选项

第4章

电路仿真（基于OrCAD PSpice）

4.1 PSpice 介绍

以一首诗来开始本章的讲解"不经一番寒彻骨,怎得梅花扑鼻香",在学习电路仿真的过程中,须经受许许多多的挫折和考验,只有经受住了这些挫折和考验,才能熟练掌握电路的仿真设计。梅花经历了风雪的考验,才有绰约的风姿和醉人的清香,我们的学习何尝不是如此。

在众多的仿真工具中,PSpice 是当前被广泛使用的电路仿真工具软件,也是笔者经常使用的电路仿真工具,当然其他的电路仿真工具也各有特点。笔者深知它们的优缺点,不会有一个"最好的"软件,否则就"世界大同"了。从工具的普及性方面来选择,本书将以 OrCAD PSpice 为例,讲述电路仿真的设计方法与过程。

PSpice 是以 Spice(Simulation Program with Integrated Circuit Emphasis)为核心发展起来的,该软件于 1972 年由美国加州大学伯克利分校利用 FORTRAN 语言开发的,主要用于大规模集成电路的计算机辅助设计。1975 年推出正式实用化版本,此后 Spice 的版本不断更新、功能不断完善,在 1988 年 Spice 被定为美国国家工业标准。与此同时,各种以 Spice 为核心的商用模拟电路仿真软件陆续推出,PSpice 在 Spice 的基础上做了大量实用化工作,从而使 PSpice 成为较为普及的电子电路仿真软件。

为了较快完成软件的普及,Microsim 公司在 1984 年推出了基于 Spice 程序的个人计算机版本 PSpice(Personal Spice)。这样一来,PSpice 软件不仅可以在大型计算机上运行,也可以在 PC 上运行。后来 Microsim 公司被 EDA 领域的 OrCAD 公司并购,PSpice 因此更名为 OrCAD PSpice A/D。

PSpice 不仅具有很强的电路信号分析能力和图形显示处理能力,同时也可对模拟电路、数字电路、模数混合电路的输出结果进行分析和仿真。各种版本的

PSpice 在电路仿真的设计方法上差别不大,本章将以 OrCAD PSpice 17.4 版本为例,介绍如何利用 PSpice 进行电路仿真。

4.2 PSpice 仿真模块

PSpice 软件可进行电路设计、信号处理、仿真分析,其中用于电路仿真的程序模块主要有原理图绘图编辑模块、信号源编辑模块、激励源波形编辑模块、模型参数提取模块、PSpice A/D 电路仿真程序、模拟显示分析,这些模块的协作关系如图 4.1 所示。

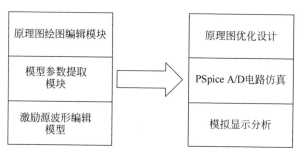

图 4.1 PSpice 组件

仿真模块的核心是 PSpice A/D,PSpice A/D 也叫电路仿真程序,该仿真程序具有数字电路和模拟电路的混合仿真能力。它接收电路输入程序,以及接收电路拓扑结构、元器件参数信息,然后经过元器件模型处理形成电路方程,再求解电路方程的数值并给出计算结果。

PSpice A/D 支持仿真的元件类型有无源器件、半导体器件、受控源、数字电路元件和单元电路元件,具体元件如表 4.1 所示。

表 4.1 PSpice 支持的仿真元件

元件类型	元件名称	元件类型	元件名称
无源器件	① 电阻类元件 ② 电容类元件 ③ 电感 ④ 互感器 ⑤ 传输线	数字电路元件	① 逻辑门电路 ② 传输门电路 ③ 触发器 ④ 可编程逻辑整列
半导体器件	① 二极管 ② 双极晶体管 ③ 结型场效应晶体管 ④ MOS 管	单元电路元件	① 运算放大器 ② 555 定时器
受控源	① 受控电压源 ② 受控电流源 ③ 受控开关		

PSpice A/D可分析的电路特性有5大类,分别是直流分析、交流分析、瞬态分析、统计分析、逻辑模拟,具体描述如表4.2所示。

表 4.2 PSpice A/D 电路特性分析

电 路 特 性	分 析 种 类	电 路 特 性	分 析 种 类
直流分析	① 静态工作点分析 ② 直流灵敏度分析 ③ 直流传输特性分析 ④ 直流特性扫描分析	统计分析	① 电路最坏情况分析 ② 蒙特卡洛分析
交流分析	① 频率特性分析 ② 噪声特性分析	逻辑模拟	① 数字逻辑模拟 ② 数字模拟混合模拟 ③ 最坏情况时序分析
瞬态分析	① 瞬态响应分析 ② 傅里叶分析		

4.3 使用电路仿真软件的目的

使用电路仿真软件的目的是为了提前对电路进行验证,提高设计成功率,以及消除存在潜在危险的电路设计。电路仿真给出了一个成本低、效率高的电路验证方法,能够在产品进入原型机开发阶段之前,找出电路的问题所在。在产品设计流程中加入电路仿真过程,能够预测并且更好地理解电路行为,对电路假设的情形进行实验。电路仿真过程中可模拟复杂的信号测量、电路功能模拟验证等,经过仿真后可优化关键电路,从而可以减少设计错误,加快电路设计进度。

(1) 预测电路行为。

电路仿真的主要目的之一是预测并理解电子电路的行为。PSpice A/D 利用其模型分析原理,在设定不同电路输入条件的情况下,对电路的输出信号进行仿真输出,可以让设计者很好地理解电路行为。利用这种思路,对于一些不确定的电路,工程师在完成电路设计之前,就能够找出并修正存在于电路中的基本错误。

(2) 对电路假设情形进行实验。

PSpice A/D 电路仿真环境不仅可以预测电路行为,同时还允许对电路元件的参数进行修改,可以将选定的运算放大器或集成电路进行更换。设计者能够在仿真环境中,对一系列电路进行实验,可以大大减少在修改电路或更换元器件上的时间。另外在修改电路和更换元器件仿真过程中,能够对虚拟假设的情形进行研究分析,这样能够使用更少的元件和使用具有更大公差的元件,以及使用价格更为低廉的集成电路来完成设计,整体降低电路的成本。

(3) 优化关键电路。

对于关键的电路,非常有必要对其子系统进行评估,在原型机之前了解关键电路功能特点和电路效率,以及确定电路的信号质量要求、噪声容限和时序要求。通过电路仿真能够帮助设计者优化设计中的子系统、关键子电路和组件等。

（4）模拟复杂的测量。

有些输入量范围变化大的电路，其电路特性的测量较为困难。利用仿真电路的蒙特卡洛分析原理，用随机改变的元件参数运行数十次、数百次的迭代分析，能够深入了解元件公差对电路工作方式的影响。而实际生产过程中或原型机开发过程中进行蒙特卡洛分析在经济上是不可行的，因此在对电路特性进行深入测量方面，电路仿真提供了一种低成本的有效途径。

（5）电路功能验证。

为了验证新电路的功能，很多时候需要在面包板上搭建电路验证电路的功能，这种方法虽然有效，但具有较大的局限性。需要花费很长的时间来收集元器件，然后在面包板上焊接元器件，通电后再手工测量结果，而且只能搭建简单的电路。利用 PSpice A /D 的仿真电路环境可以显著地缩短这些时间，PSpice 仿真工具提供了一个快速的、简便的方法来分析电路，以判断电路功能是否合理。

4.4　PSpice 中数字、单位、元件符号

PSpice 中的数字可采用标准记数法或者科学记数法来表示，也可以在数字后面跟字母单位来表示，如 1000、1E3、1K 都表示同一个数。在用字母单位表示时要区分字母的大写和小写，如 m 和 M，国标规定 m 表示 10^{-3}，M 表示 10^{6}。为了防止混淆，在 PSpice 中使用 MEG 表示 10^{6}。字母单位的大写和小写在使用时应特别小心，稍有疏忽就会出错。

关于计量单位的表示，PSpice 一般都采用标准的计量单位，如电压用 V、电流用 A、功率用 W、电阻用 Ω。在仿真运行中，PSpice 会根据具体对象自动确定其单位，在输入数据时，代表单位的字母可以省略。例如给电压源赋值时，输入 15 和 15V 是相同的意思；表示频率时，2000Hz、2k、2kHz 都表示同一频率值。

关于 PSpice 中的元件符号，PSpice 自带元件符号可能存在不符合标准的情况。如电阻符号，国标的图形符号是小方框加两根引脚，而在 PSpice 中用弯折线加两根引脚来表示电阻。本书中的仿真原理图的元件，大部分是直接调用 PSpice 自带的元件，存在元件符号、单位、数字不符合国标要求的情况，在此特别说明，希望能得到读者的谅解。

PSpice 常见的字母单位和符号名称如表 4.3 所示。

表 4.3　PSpice 常见的字母单位

PSpice 中的表示方法	数　　　值	名　　　称	国 标 符 号
F	10^{-15}	飞	f
P	10^{-12}	皮	p
N	10^{-9}	纳	n

续表

PSpice 中的表示方法	数　　值	名　　称	国 标 符 号
U	10^{-6}	微	μ
MIL	25.3×10^{-6}	密耳	—
M	10^{-3}	毫	m
K	10^{3}	千	k
MEG	10^{6}	兆	M
G	10^{9}	吉	G
T	10^{12}	太	T

4.5　PSpice 元件库

PSpice 元件库支持的元件类型较多,元件库存放的路径是 Cadence\Cadence_SPB_17.4-2019\tools\capture\library\pspice,当添加元件库时,出现如图 4.2 所示的对话框,PSpice 17.4 版本新增了很多元件库,主要的元件库如表 4.4 所示。

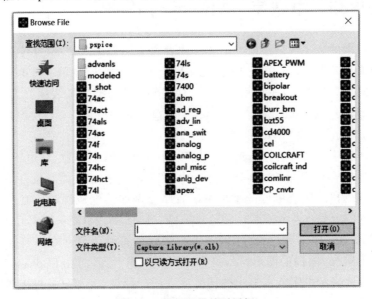

图 4.2　添加元器件对话框

表 4.4　PSpice 主要的元件库

序号	元 件 库	描　　述
1	1_shot.olb	10 个杂项器件,主要有 54、74 的器件
2	74ac.olb 到 7400.olb	74 系列元件库,一共有 12 个元件库
3	abm.olb	各种数学运算单元 ,如 cos、sin、log 等
4	adv_lin.olb	ALD 系列线性放大器
5	ana_swit.olb	模拟开关

序号	元　件　库	描　　述
6	analog. olb	通用的无源器件，如电阻、电容、电感器件
7	analog_p. olb	5 个常用的模拟通用器件
8	anl_misc. olb	模拟器件，如三相变压器，555 定时器、RELAY、SWITCH 等
9	anlg_dev. olb	AD 公司放大器
10	apex. olb	APEX 公司的 PA/AM 系列运放
11	APEX_PWM. OLB	APEX 公司的 PWM 系列控制器
12	bipolar. olb	三极管元件库
13	Breakout. olb	用于最坏情况分析的元件
14	burr_brn. olb	Buffers 缓冲器元件库
15	cd4000. olb	CD4000 系列元器件
16	cel. olb	NE 系列三极管
17	COILCRAFT. OLB	电源管理类元件
18	darlngtn. olb	Silicon 系列元件
19	dataconv. olb	AD、DA 系列元件
20	dig_ecl. olb	触发器类元件
21	dig_gal. olb	Generic Array Logic 通用阵列器件
22	dig_misc. olb	Mixed Digital Device 混合元件
23	dig_pal. olb	可编程逻辑元件
24	diode. olb	二极管元件
25	ediode. olb	IN 和 BAS 系列二极管
26	elantec. olb	ELANTEC 半导体公司器件
27	EPCOS. OLB	EPCOS 公司的元件
28	epwrbjt. olb	双极性结型晶体管元件
29	FAIRCHILD. OLB	FAIRCHILD 公司系列器件
30	fwbell. olb	HARRIS 公司的相关元件
31	harris. olb	FWBELL 公司的霍尔元件
32	igbt. olb	IGBT(Insulated Gate Bipolar Transistor)绝缘栅双极型晶体管元件
33	INFINEON. OLB 到 infineon_ sigcxxt120_l2. olb	英飞凌(infineon)公司系列器件
34	IXYS. OLB	IXYS 公司的功率管器件
35	li_tech. olb	LINEAR 公司运放器件
36	linedriv. olb	LINEAR 公司门电路器件
37	magnetic. olb	MAGNETIC 公司的磁性元件
38	maxmim. olb	MAXIM 公司器件
39	microchip_opamp. olb	MICROCHIP 公司运算放大器元件
40	mix_misc. olb	CD4046、继电器等元件
41	motor_rf. olb	飞思卡尔公司射频三极管元件

续表

序号	元 件 库	描 述
42	motorrsen. olb	飞思卡尔公司压力传感器元件
43	nat_semi. olb	National Semiconductor 公司元件
44	nec. mos. olb	NEC 公司的金属氧化物半导体型场效应管（MOSFET）元件
45	nxp_mosfets. olb	NXP 公司的金属氧化物半导体型场效应管（MOSFET）元件
46	从 ON_AMP. olb 到 ON_PWM. olb	安森美半导体的器件,如三极管、二极管、MOS 管、电源管理芯片等
47	opamp. olb	常用运放元件
48	opto. olb	常用光耦元件
49	从 ORSRAM_3MMRADIA. olb 到 OSRAM_u_SIDELED	欧司朗（OSRAM）公司系列元件
50	从 phil_bjt. olb 到 phil_rf. olb	飞利浦公司系列元件
51	polyfet. olb	POLYFET 公司的 MOS 管
52	pwrbjt. olb	常用的功率三极管
53	pwrmos. olb	常用的功率 MOS 管
54	Shindengen. olb	新电元 SHINDENGEN 公司的整流桥和二极管元件
55	source. olb	各种电压源信号和电流源信号
56	sourcstm. olb	数字仿真信号源
57	special. olb	特殊类元件
58	st_opamp	意法半导体(ST)公司的运放元件
59	swit_reg. olb	开关电源系列集成电路
60	tex_inst. olb	TI 的系列运放
61	thyristr. olb	可控硅元件
62	tline. olb	仿真传输线
63	tyco_elec. olb	Tyco 公司的压敏电阻元件
64	xtal. olb	石英晶体元件
65	zetex. olb	Zetex 公司的三极管

4.6 创建仿真电路

Cadence Capture CIS 17.4 创建仿真电路时,系统将自动创建项目文件. opj,该项目文件集合设计文件. dsn 和与其相关的库文件,创建仿真电路的步骤如下。

（1）在 Windows 桌面,单击"开始"按钮,在弹出的菜单中选择 Cadence|Capture CIS 17.4,弹出如图 4.3 所示的对话框,选择 OrCAD Capture,然后单击 OK 按钮进入 OrCAD Capture 界面。

（2）选择菜单栏中的 File→New→Project 命令,操作界面如图 4.4 所示。

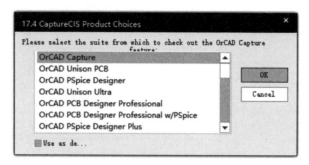

图 4.3　选择 OrCAD Capture

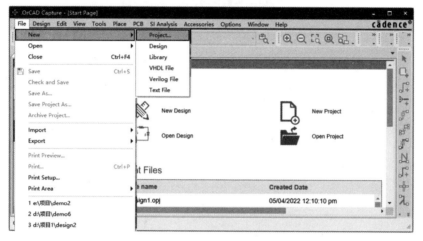

图 4.4　新建 Project 的界面

（3）选择 Project 命令后，弹出如图 4.5 所示的对话框，勾选 Enable PSpice Simulation，同时在 Name 栏输入新建项目的名称。然后单击 OK 按钮，弹出如图 4.6 所示的对话框，勾选 Create based upon an existing project 项，Create a blank project 项可以勾选，也可以不勾选。其区别是勾选 Create a blank project 来创建时，系统自动将已有的工程所带的元件加入到新建的工程中。如不勾选 Create a blank project，则新建的工程中没有任何可用的元件库，需要自行添加，推荐勾选 Create a blank project 项。

（4）在图 4.6 所示的 Create PSpice Project 对话框中单击 OK 按钮，弹出如图 4.7 所示的对话框。

（5）在图 4.7 中选择 PSpice A/D 选项，单击 OK 按钮进入原理图仿真编辑环境，如图 4.8 所示。原理图仿真编辑环境包括了三个主要的工作窗口，分别是项目管理窗口、绘图窗口、信息查看窗口。项目管理窗口是一个资源管理器，列出了与该仿真电路相关的一系列文件；绘图窗口是原理图仿真编辑器，用来绘制仿真电路原理图；信息查看窗口用来显示操作过程中的提示信息，以及用来查看执行编译、仿真等命令后的输出信息。多个窗口融合在一起可以大大提高设计效率。

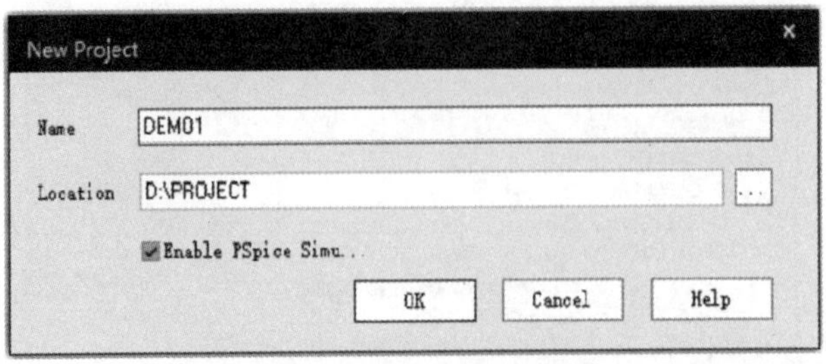

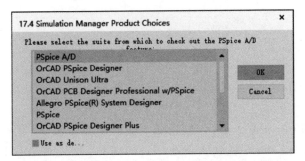

图 4.5　New Project 对话框

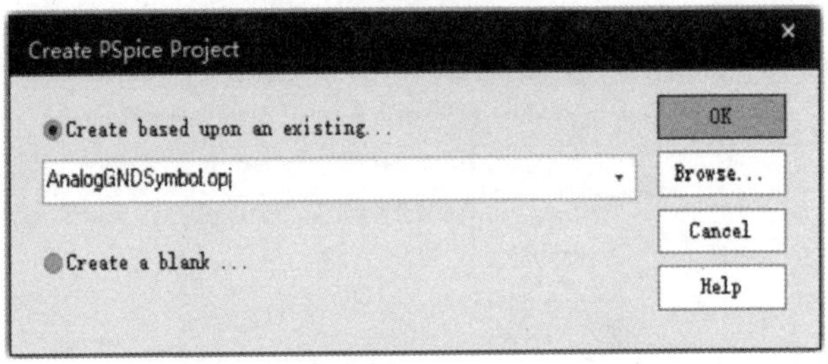

图 4.6　Create PSpice Project 对话框

图 4.7　Simulation Manager Product Choices 对话框

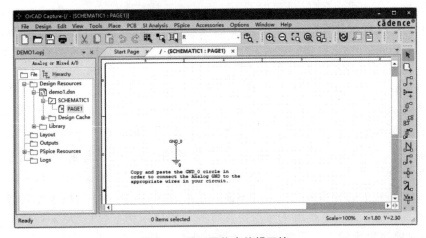

图 4.8　原理图仿真编辑环境

4.7　绘制仿真电路

这里以绘制一个简单的电阻负载电路为例,阐述仿真电路原理图的绘制过程,绘制的步骤如下。

（1）加载元件库。在原理图仿真的编辑界面,选择菜单栏中的 Place→Part 命令,或者单击右侧工具栏中的图标 ,弹出图 4.9 所示的元件库加载窗口。

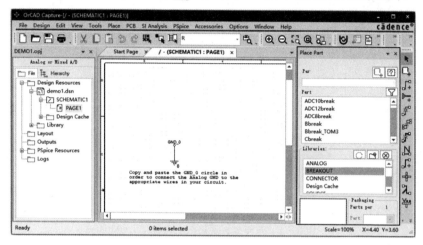

图 4.9　元件库加载窗口

（2）单击 Libraries 右下侧的图标 ,弹出图 4.10 所示的添加元件库对话框,添加元件库的路径是 Capture\Library\PSpice,选择相应的元件库后,单击"打开"按钮即完成了元件库的加载。

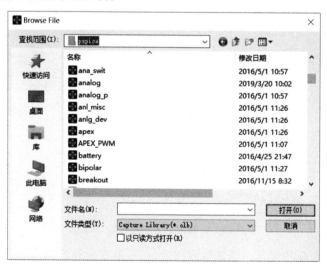

图 4.10　添加元件库对话框

（3）选取元件。添加元件库后，在 Libraries 的下方选择元件库，然后在 Part
栏选取元件即可，例如选取三极管 2N2222，如图 4.11 所示。也可以通过查找的方
式来选取元件，选择菜单栏中的 Place|PSpice component 命令，在查询栏输入
2N2222，如图 4.12 所示。

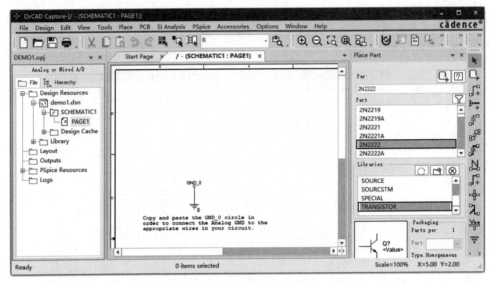

图 4.11　元件库方式添加三极管 2N2222

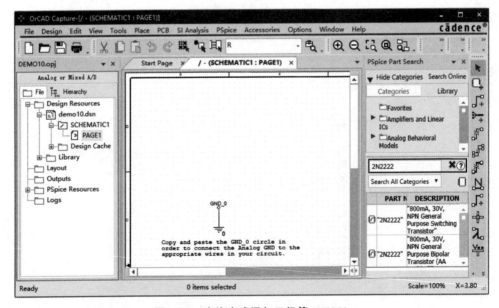

图 4.12　查询方式添加三极管 2N2222

（4）移动和旋转元件。当选取元件后，在还没有放到绘图页上之前，元件随着
光标的移动而移动，元件处于选取状态，有虚边框。此时右击，弹出的快捷菜单如

图 4.13 所示。选择 Mirror Horizontally 选项可以将元件进行左右翻转，选择 Mirror Vertically 选项可以将元件上下翻转，选择 Rotate 选项可以将元件逆时针旋转 90°。在操作过程中，也可以使用键盘来操作，左右翻转可以按快捷键 H，上下翻转可以按快捷键 V，逆时针旋转可以按快捷键 R。放置好元件后，在后续连线的过程中还会有元件的移动、删除、复制、粘贴、拖曳等操作。

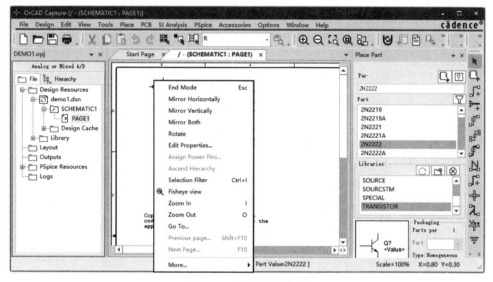

图 4.13　元件快捷菜单

（5）放置接地符号。仿真电路应有参考地平面，单击原理图编辑窗口右侧绘图工具栏图标 🍍，弹出 Place Ground 对话框，如图 4.14 所示。注意，由于 PSpice 仿真时接地点规定为 0 电位，因此在选择接地元件时，其名称为 0，否则 PSpice 仿真程序无法执行。

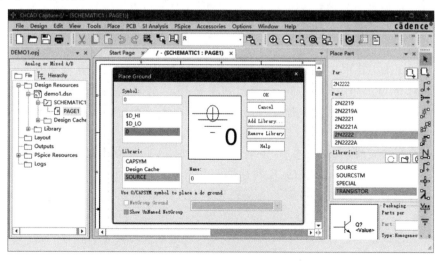

图 4.14　放置接地符号

（6）连线。当元器件、电源符号和接地符号放置完毕后，接下来就是连线工作了。选择菜单栏中的 Place→Wire 命令，或者单击右侧工具栏中的图标 ，光标变成十字形。将光标移动到元件的引脚上，元器件的引脚上都有一个小方块，表示连线端口。在连线端口单击后移动光标可画出一条线，当达到另一引脚时，再单击即可完成连线。绘制好的仿真原理图如图 4.15 所示。

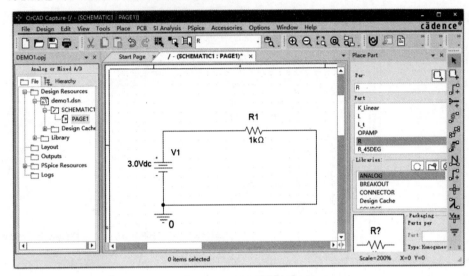

图 4.15 原理图示例

4.8 设置仿真参数和执行仿真

绘制好仿真原理图后，选择菜单栏中的 File→Save 命令，或者单击图标 进行保存。然后就可以通过 PSpice 菜单设置仿真类型和仿真参数，仿真参数详细设置方法和执行过程将在后续章节中介绍。这里仅介绍基本的仿真过程，给出一个简单仿真示例。

（1）在菜单栏中选择 PSpice→New Simulation Profile 命令新建仿真文件，选择 New Simulation Profile 命令后弹出如图 4.16 所示的 New Simulation 对话框。在文本框 Name 中输入一个描述性的名字，例如 DEMO1，从 Inherit From 列表中选择 none。

（2）设置完成后，在图 4.16 中单击 Create 按钮，此时屏幕上弹出如图 4.17 所示的 Simulation Setting-DEMO1 对话框。在 Analysis 选项卡的 Analysis Type 下拉列表中选择 Bias Point，在 Options 列表框中选择 General Setting，然后单击 OK 按钮。

（3）选择菜单栏中的 PSpice→Run 命令，开始运行仿真分析程序，程序运行结束后弹出如图 4.18 所示窗口，由于本案例给出的是直流分析，窗口中没有波形图。

图 4.16 New Simulation 对话框

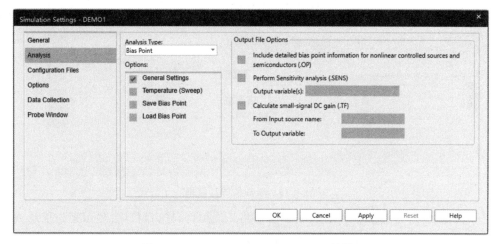

图 4.17 Simulation Setting-DEMO1 对话框

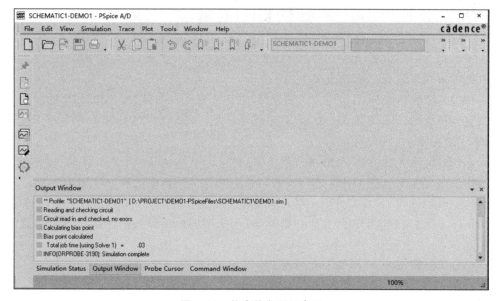

图 4.18 仿真信息显示窗口

（4）查看仿真结果，输出结果可在图 4.15 窗口下查看，选择菜单栏中的 View→Output File 命令查看，也可以返回原理图编辑界面查看。在原理图编辑界面，单击工具栏图标 Ⓥ 查看电压值，单击图标 Ⓘ 查看电流值，单击图标 Ⓦ 查看功率。电路仿真输出结果如图 4.19 所示。

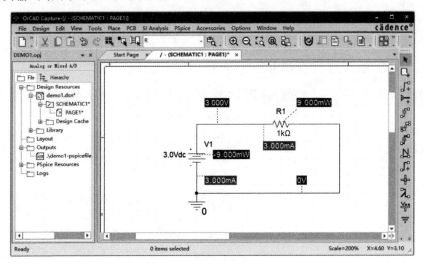

图 4.19　原理图仿真结果

如果绘制的电路图不正确，仿真程序将无法运行，输出窗口会显示警告信息或者错误信息，根据提示信息修改电路图后，再执行仿真程序。

4.9　放置 Probe 探针仿真

如果只需要查看电路中某个特定网络结点的信号波形，可以通过放置 Probe 探针的方式来进行 PSpice 仿真。

（1）绘制一张 RLC 串联的二阶电路，并设置各元件的参数。交流电压源 VAC 的电压值设为 1V，电阻 R1 为 1kΩ，电感 L1 为 10μH，电容 C1 为 1nF，原理图如图 4.20 所示。

（2）设置仿真参数，选择菜单栏中的 PSpice→Simulation Profile 命令，弹出 Simulation Setting 对话框。在 Analysis Type 下拉列表中选择 AC Sweep/Noise（交流扫描/噪声）。在 Options 列表框中选择 General Settings，然后在右侧的 AC Sweep Type 列表框中选择交流扫描类型 Logarithmic，并设置扫描参数，如图 4.21 所示。

（3）放置探针，选择菜单栏中的 PSpice→Markers→Voltage Level 命令，移动光标把探针放置在指定的网络结点上，放置探针后的原理图如图 4.22 所示。

（4）执行仿真程序，单击工具栏中的图标 ▶ 启动 PSpice A/D 仿真程序，放置探针结点的信号波形如图 4.23 所示。

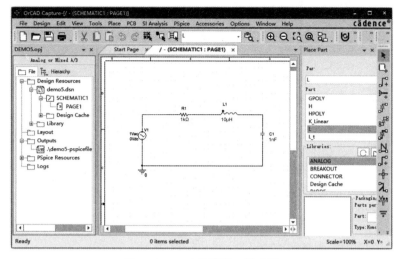

图 4.20　RLC 串联的二阶电路

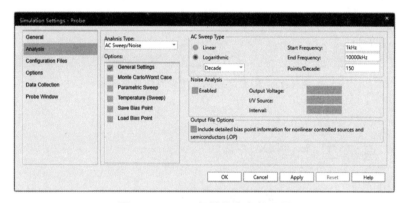

图 4.21　Probe 探针仿真参数设置

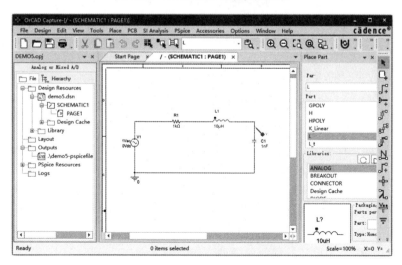

图 4.22　放置探针后的原理图

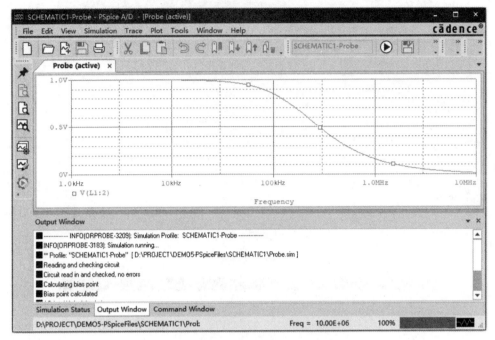

图 4.23 RLC 串联的二阶电路仿真波形图

4.10 直流工作点分析

直流工作点分析是指电路中独立电压源的电压或者独立电流源的电流为确定值时,利用仿真模型计算出电路中各结点的电压、各支路的电流,以及各个元件上消耗的功率。PSpice 仿真工具支持在原理图上直接显示静态工作点的分析结果,也可以用文本的方式给出仿真后的电压值、电流值和消耗的功率值。

4.10.1 绘制仿真原理图

要执行电路仿真,第一步就是绘制仿真原理图,下面通过一个由独立电压源和三个电阻组成的分压电路为例,介绍直流工作点分析的步骤。

(1) 在原理图的编辑窗口绘制仿真原理图,先建立项目文件,然后从元件库中调用所需元件,再进行元器件的连线,绘制好的原理图如图 4.24 所示。

(2) 选择菜单栏中的 PSpice→Create Netlist 命令,生成电路图的网表文件,查看网表文件与原理图的对应关系。

生成的网表如图 4.25 所示,第一行是以"∗"开头的注释语句,说明电路原理图名称等信息,第 2 行开始说明网表的连接关系。

第 2 行 V_V1 N14380 0 3Vdc 表示在网结点 N14380 和网络结点 0 之间连接

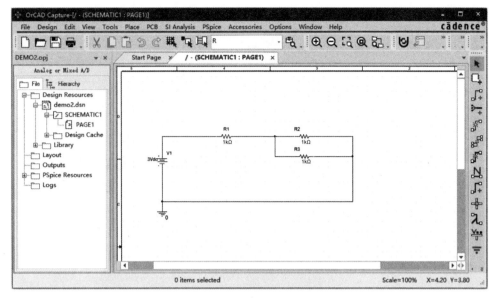

图 4.24　直流静态工作点原理图

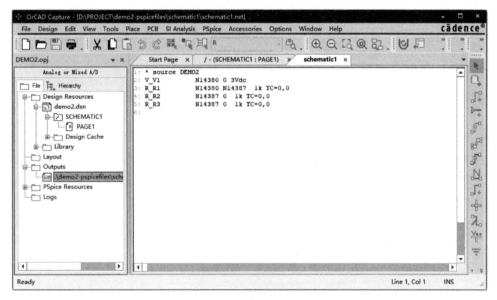

图 4.25　电路网表

了一个电压为 3V 的电压源 V1。

　　第 3 行 R_R1 N14380 N14387 1K TC＝0,0 表示在网络结点 N14380 和网络结点 N14387 之间连接了一个电阻值为 10kΩ 的电阻 R1,其温度系数为 0。

　　第 4 行 R_R2 N14387 0 1K TC＝0,0 表示在网结点 N14387 和网络结点 0 之间连接了一个电阻值为 10kΩ 的电阻 R2,其温度系数为 0。

　　第 5 行 R_R3 N14387 0 1K TC＝0,0 表示在网结点 N14387 和网络结点 0 之

间连接了一个电阻值为 $10k\Omega$ 的电阻 R3,其温度系数为 0。

4.10.2　直流工作点仿真参数设置

在启动 PSpice 仿真程序之前,须设置好所要执行的仿真类型、仿真参数和仿真范围,直流工作点仿真参数设置方法如下。

(1) 选择菜单栏中的 PSpice→New Simulation Profile 命令,输入创建的仿真文件后,弹出如图 4.26 所示的 Simulation Setting 仿真设置对话框。

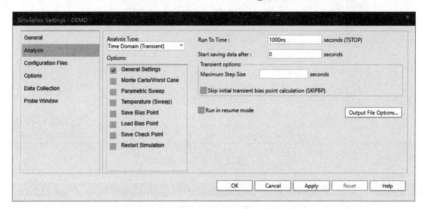

图 4.26　直流工作点仿真设置对话框

(2) 在 Analysis Type 栏选择 Bias Point,然后在 Options 列表框中选择 General Settings,General Settings 选项下有三个可选项。选项 Include detailed bias point information for nonlinear controlled sources and semiconductors(.OP)表示仿真运行后输出详细的偏置点信息;选项 Perform Sensitivity Analysis(.SENS)是对指定的输出变量进行灵敏度分析;选项 Calculate small-signal DC gain(.TF)是对指定的输入信号源(From Input source name)和输出变量(To Output variable)进行传输特性分析。直流工作点仿真,勾选 Include detailed bias point information for nonlinear controlled sources and semiconductors(.OP)选项即可,如图 4.27 所示。

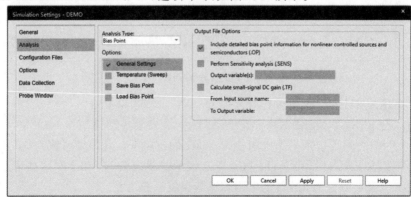

图 4.27　General Settings 选项

4.10.3　执行仿真并观察结果

选择菜单栏中的 PSpice→Run 命令，或者单击工具栏中的图标 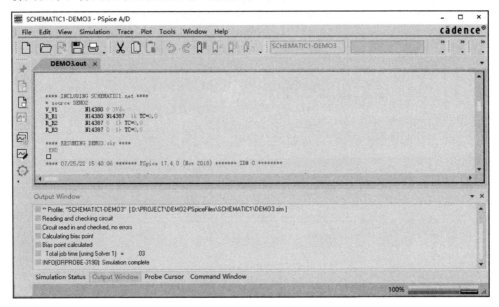，执行 PSpice 仿真程序。仿真程序运行后的输出信息窗口如图 4.28 所示。

图 4.28　仿真结果窗口

在原理图的编辑窗口，单击工具栏中的图标 Ⓥ、Ⓘ 和 Ⓦ，或者选择菜单栏中的 PSpice→Bias Points 的子命令 Enable Bias Voltage Display、Enable Bias Current Display、Enable Bias Power Display，电路中各网络节点电压、支路电流和元件功率仿真分析结果将显示在原理图，如图 4.29 所示。

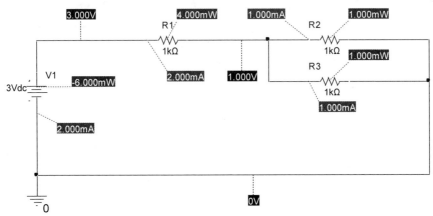

图 4.29　原理图中的仿真结果

4.11 直流扫描分析

直流扫描分析是将某个直流电源的模型参数作为输入变量,以某一个电压或者电流为输出变量,扫描输入变量在一定范围内变化时输出变量的数值。直流扫描分析能够帮助设计者分析电路中元件参数选取不同数值时,电路各支路电流、结点电压随之变化的情况。

4.11.1 绘制仿真原理图

运行 Capture CIS 程序,建立工程项目 DEMO3,然后在原理图编辑界面绘制出如图 4.30 所示的电路图,电压源 V1 设为 3.0V。

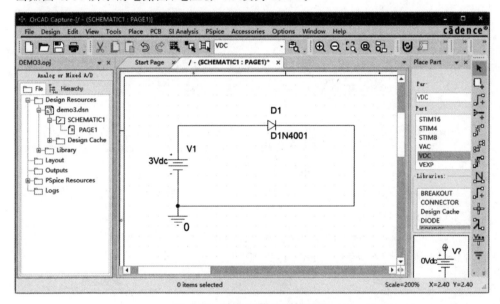

图 4.30 直流扫描分析原理图

4.11.2 直流扫描分析参数设置

调出 Simulation Setting 对话框,选择 Analysis 选项卡,然后在 Analysis Type 下拉列表中选择 DC Sweep,Options 列表框中选择 Primary Sweep,如图 4.31 所示。

(1) 在 Sweep Variable 选项区域,选择 Voltage source 并填写 Name 文本框的内容,Name 文本框中输入 V1,输入的名称要与执行扫描的电压源名称保持一致。

(2) 在 Sweep Type 选项区域,选择 Linear 线性模式,Start Value(起始值)设为 0,End Value(结束值)设为 3,Increment(增加量)设为 0.01。具体含义是 V1 的电压由 0V 上升到 3V,每次上升增量为 0.01V。

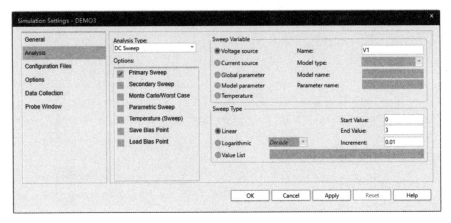

图 4.31 直流扫描分析参数设置

4.11.3 执行仿真与分析输出波形

绘制完仿真原理图和设置好仿真参数后，选择 Save 命令进行存档，然后选择菜单栏中的 PSpice→Run 命令，或者单击工具栏中的图标 ▶，弹出如图 4.32 所示的 PSpice A/D 窗口。

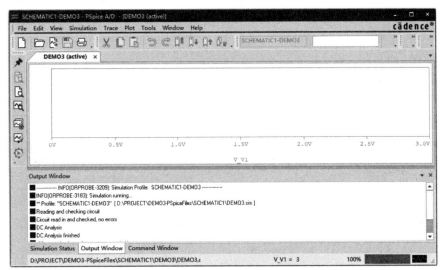

图 4.32 直流扫描仿真的 PSpice A/D 窗口

观察图中的 Output Window 栏显示的信息，可以看到仿真程序已顺利完成。在波形输出区域出现了一个仅有横轴和纵轴的图，横轴是扫描变量 V1，V1 取值范围是 0～3V；纵轴没有变量。如要查看仿真输出波形，须设定纵轴变量，选择菜单栏中的 Trace→Add Traces 命令，或者单击工具栏中的图标 ⤵，弹出如图 4.33 所示的增加轨迹对话框。

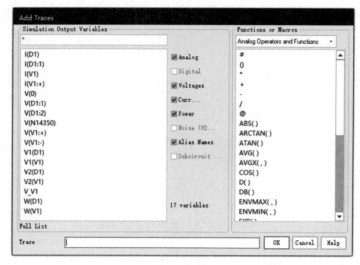

图 4.33　增加轨迹对话框

对话框的左侧是 Simulation Output Variable 选项区域,列出了仿真输出变量的名称,列表的内容较多,可以通过该区域右边的复选框进行选择,有针对性地进行查找。PSpice 仿真输出变量最常用的是电流、电压和功率,分别以关键字 I、V 和 W 开头。本例中只有电压源 V1 和二极管 D1,因此对应的仿真输出变量只有四个,分别是 I(D1)、I(V1)、W(D1)、W(V1)。对话框的右侧是 Function or Macros 选项区域,该区域的选项用于选择仿真输出变量的函数形式。

这里以功率 I(D1) 和 W(D1) 为仿真输出变量为例,分别设置完成后,单击 OK 按钮,PSpice A/D 窗口波形区域会出现直流扫描的曲线。图 4.34 是 I(D1) 仿真波形,图 4.35 是 W(D1) 仿真波形。

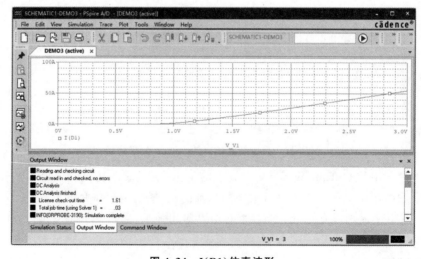

图 4.34　I(D1)仿真波形

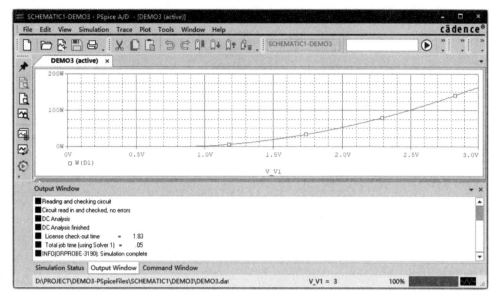

图 4.35　W(D1)仿真波形

4.12　交流分析

交流分析又称 AC 分析,交流分析是求电路的频域响应。当输入信号的频率变化时,它能够计算出电路的幅频响应和相频响应,从而获得电路的频率特性,交流分析是一种频域分析方法。

交流分析时,输入频率被认为是扫描的自变量,电路中所有的电气参数都被认为是可变化的,且其工作频率都随扫描频率一起变化。通过交流分析,不仅可以获得电路传递函数的幅频特性和相频特性,还可以得到电压增益、电流增益、输入阻抗和输出阻抗的频率响应。

4.12.1　电路频率响应

电路频率响应是指系统信号的振幅和相位受频率变化而变化的特性,在交流信号电路中,电路所处理的信号都不是简单的单一频率信号,它们的幅度及相位通常都是由固定比例关系的多频率分量组合而成,且具有一定的频谱。通过对电路频率响应的分析,可以比较直观地评价系统复现信号的能力和过滤噪声的特性,以及根据频率响应可以比较方便地分析系统的稳定性和其他交流特性。当频率响应影响到电路稳定性时,须引入适当形式的校正装置调整频率响应的特性,使系统的性能得到改善。

在电路分析中,电路的频率特性常用正弦稳态电路的网络函数来描述,定义为响应相量与激励相量之比,其数学表达式如下所示。

$$H(j\omega) = \frac{响应相量}{激励相量}$$

(4-1)

网络函数是由电路的结构和参数所决定的,反映了电路自身的特性,不仅与电路元件参数值有关,还与输入、输出变量的类型有关。下面以一阶 RC 电路为例来阐述电路的频率特性,一阶 RC 电路如图 4.36 所示。

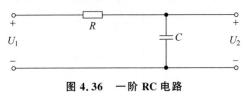

图 4.36　一阶 RC 电路

电路频率特性分为幅频特性和相频特性,习惯上用 $H(j\omega)$ 表示电路的幅频特性,用 $\theta(\omega)$ 表示电路的相频特性,一阶 RC 电路的幅频特性和相频特性计算如下。

$$H(j\omega) = \frac{U_2}{U_1} = \frac{\dfrac{1}{j\omega C}}{R + \dfrac{1}{j\omega RC}} = \frac{1}{1 + j\omega RC}$$

(4-2)

$$H(j\omega) = |H(j\omega)| e^{j\theta(\omega)}$$

(4-3)

4.12.2　交流分析信号源

进行交流仿真分析时,电路图上至少要放置一个交流电源,否则所有的输出结果均为零,PSpice 软件放置 AC 激励源有三种方式。

(1) 使用元件库 Source 中的 V_{ac}(交流电压源)或 A_{ac}(交流电流源),交流电压源的符号如图 4.37 所示,交流电流源的符号如图 4.38 所示。一般情况,在仿真时可将交流电压源的电压设为 1V,将交流电流的电流设为 1A。

图 4.37　交流电压源　　　　　图 4.38　交流电流源

(2) 使用瞬态信号源,调用元件库 Source 中的 VSIN,同时设置信号源的 AC 属性,通常将其 AC 栏的值设为 1,设置界面如图 4.39 所示。

(3) 调用通用信号源 VSRC 或 ISRC,通用信号源可以看作是复合激励源,VSRC 符号如图 4.40 所示,ISRC 符号如图 4.41 所示。通用信号源有三个参数,分别是 DC、AC 和 TRAN。DC 表示直流值,AC 是交流信号的幅值和相位,TRAN 是初始瞬态值。

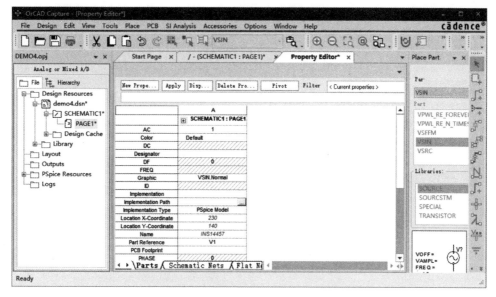

图 4.39 设置 VSIN 信号源的 AC 属性

图 4.40 通用交流电压源 VSRC   图 4.41 通用交流电流源 ISRC

4.12.3 绘制仿真原理图

建立 PSpice A/D 工程文件 DEMO4，在原理图编辑界面中绘制如图 4.42 所示的电路图。电路图中的 V1 为交流电压源，将 Vac 值设为 1V，Vdc 值设为 0V。电阻 R1 的阻值设为 4.7K，电容 C1 的电容值设为 1nF。另外，将交流电压源 V1 与电阻 R1 之间的连线网络命名为 Vi，将电阻 R1 与电容 C1 之间的连线网络命名为 Vo。如果不进行网络命名，仿真时将不能输出波形图。

4.12.4 交流仿真分析参数设置

选择菜单栏中的 PSpice→New Simulation Profile 命令，创建仿真文件，弹出 Simulation Setting-DEMO4 对话框，单击选项卡 Analysis，在 Analysis Type 下拉列表框中选择 AC Sweep/Noise(交流扫描/噪声)。在 Options 列表框中选择 General Settings，然后在右侧的 AC Sweep Type 栏选择交流扫描类型 Logarithmic。

关于扫描频率的设置，在 Start Frequency 栏输入仿真的起始频率，输入起始频率 1kHz；在 End Frequency 栏输入 20000kHz，也可以用 Meg 为单位，输入 2Meg；在记录点数栏 Points/Decade 输入 100。设置完成后的窗口如图 4.43 所示。

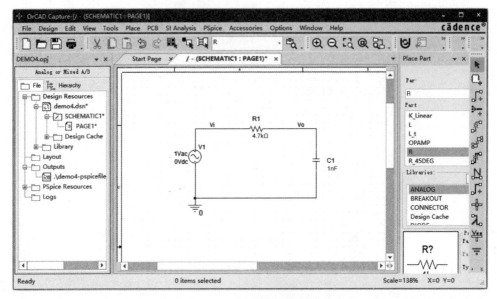

图 4.42　交流仿真原理图

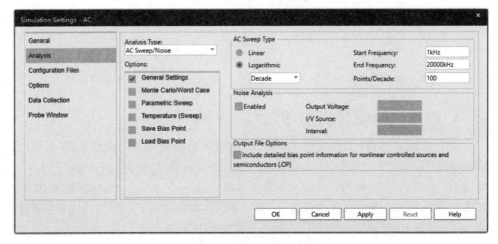

图 4.43　交流仿真参数设置

4.12.5　执行仿真与波形分析

仿真原理图存档后,选择菜单栏中的 PSpice→Run 命令,或者单击工具栏中的图标 ⏵ 启动 PSpice A/D 仿真程序。仿真程序运行结束后弹出如图 4.44 所示界面,可以看到波形区域出现一个有横轴和纵轴的图形,横轴变量是前面设置的扫描频率。

在图 4.44 中选择菜单栏中的 Trace→Add Trace 命令,或者单击工具栏中的图标 ⏚,弹出 Add Traces 对话框。在 Functions or Macros 栏中选择 DB(),在 Trace 文本框中输入公式 DB(V(Vi)/V(Vo)),如图 4.45 所示。

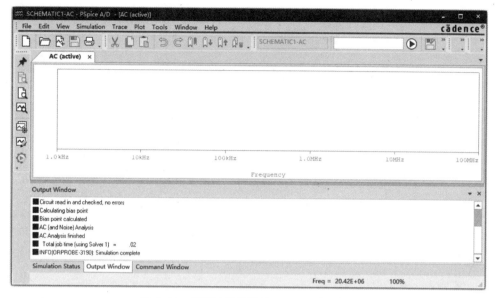

图 4.44 交流扫描仿真的 PSpice A/D 窗口

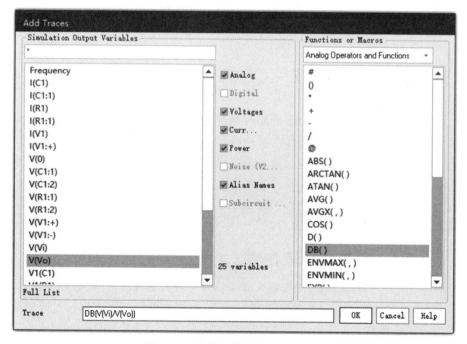

图 4.45 交流扫描仿真 Add Traces

设置完仿真函数后，单击 OK 按钮，这时 PSpice A/D 窗口的波形区域出现一条交流扫描曲线，该曲线为函数 DB(V(Vi)/V(Vo)) 的曲线图，如图 4.46 所示。

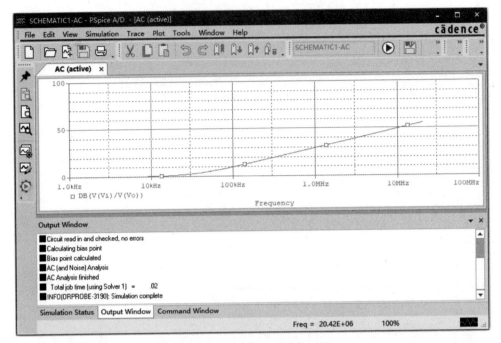

图 4.46 交流扫描仿真波形图

4.13 瞬态电路仿真

电路的瞬态分析是求解动态电路时域响应的过程,瞬态分析对应着动态电路中信号对时间的变化关系。动态电路是指含有储能元件电感、电容和开关的电路,动态电路状态发生改变时需要经历一个变化过程才能达到新的稳定状态。瞬态电路仿真就是分析电路状态发生改变时的波形图,具体的分析方法是在给定激励信号的情况下,求解电路输出的时间响应、延迟特性等参数,也可以在没有激励信号的情况下,求解振荡波形和振荡周期等指标。

4.13.1 瞬态信号源介绍

在 PSpice A/D 瞬态分析中,输入激励信号可分为脉冲源信号、指数源信号、正弦源信号、分段线性源信号和单频调频源信号,根据电路的功能可选择对应的输入激励信号进行仿真。

(1) 脉冲源信号。脉冲源信号有脉冲电压源信号(VPULSE)和脉冲电流源信号(IPULSE)两种,在 PSpice 元件库中,脉冲电压源信号和脉冲电流源信号符号如图 4.47 所示,其参数含义如表 4.5 所示。

(a) 脉冲电压源信号

(b) 脉冲电流源信号

图 4.47 脉冲源信号电路符号

表 4.5 脉冲源信号参数及其含义

参 数	含 义	单 位
V1	起始电压值	V
V2	脉冲电压值	V
I1	起始电流值	A
I2	脉冲电流值	A
TD	延迟时间	s
TR	上升时间	s
TF	下降时间	s
PW	脉冲宽度	s
PER	周期	s

（2）指数源信号。指数源信号包括指数电压源信号（VPULSE）和指数电流源信号（IPULSE）两种，在 PSpice 元件库中，指数电压源信号和指数电流源信号符号如图 4.48 所示，其参数含义如表 4.6 所示。

(a) 指数电压源信号

(b) 指数电流源信号

图 4.48 指数源信号电路符号

表 4.6 指数源信号参数及其含义

参 数	含 义	单 位
V1	电压初始值	V
V2	电压终止值	V
I1	电流初始值	A
I2	电流终止值	A
TD1	上升延迟时间	s
TC1	上升时间常数	s
TD2	下降延迟时间	s
TC2	下降时间常数	s

（3）正弦源信号。在 PSpice A/D 元件库中，正弦源信号有正弦电压源信号

（VSIN）和正弦电流源信号（ISIN）两种,正弦电压源信号和正弦电流源信号符号如图 4.49 所示,其参数含义如表 4.7 所示。

(a) 正弦电压源信号　　　　　　　　　　　(b) 正弦电流源信号

图 4.49　正弦源信号电路符号

表 4.7　正弦源信号参数及其含义

参　　数	含　　义	单　　位
VOFF	电压偏置值	V
IOFF	电流偏置值	V
VAMPL	电压振幅	A
IAMPL	电流振幅	A
FREQ	频率	s

在使用正弦源信号进行仿真时,除了上述表格中所提到的参数外,还有其他的参数也应进行设置,分别是阻尼因子 DF、相位延迟 PHASE 等参数。设置方法是双击该元件,弹出如图 4.50 所示的元件属性窗口,在相应的栏目内输入具体的参数值即可。

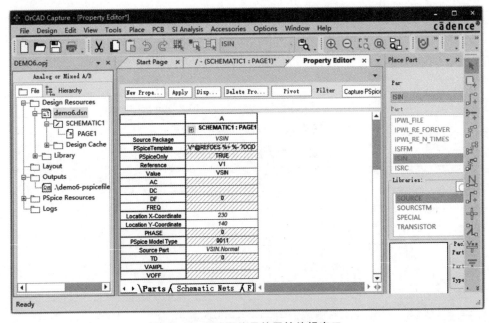

图 4.50　正弦源信号的属性编辑窗口

（4）分段线性源信号。在 PSpice A/D 元件库中,分段线性源信号有分段线性电压源信号（VPWL）和分段线性电流源信号（IPWL）两种，其符号如图 4.51 所示。

(a) 分段线性电压源信号　　　　　(b) 分段线性电流源信号

图 4.51　分段线性源信号电路符号

分段线性源信号以坐标数值的方式输入，每对值（Ti，Ii/Vi）确定了在 Ti 时的电流值 Ii 或电压值 Vi，不同时刻的中间值是线性的。输入方法是双击该元件，弹出元件属性对话框，如图 4.52 所示。在对应的时间栏和数值栏输入具体的数值即可。

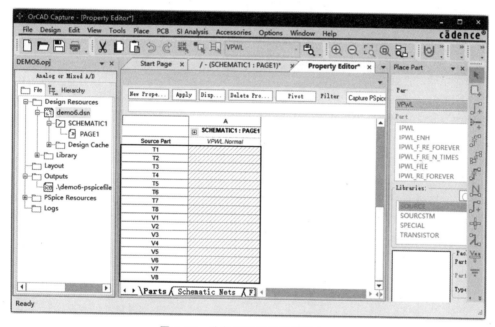

图 4.52　分段线性源信号编辑窗口

（5）单频调频源信号。单频调频源信号有单频调频电压源信号（VPULSE）和单频调频电流源信号（IPULSE）两种。在 PSpice 元件库中，单频调频电压源和单频调频电流源符号如图 4.53 所示，其参数含义如表 4.8 所示。

(a) 单频调频电压源信号　　　　　(b) 单频调频电流源信号

图 4.53　单频调频源信号电路符号

表 4.8 单频调频源信号参数及其含义

参 数	含 义	单 位
VOFF	电压直流偏移值	V
IOFF	电流直流偏移值	A
VAMPL	电压载波幅度	V
IAMPL	电流载波幅度	A
FC	载波频率	Hz
MOD	调整模式	—
FM	调制信号频率	Hz

4.13.2 绘制仿真原理图

运行 Capture CIS 程序,选择菜单栏中的 File→New→Project 命令,新建一个工程文件进入原理图的编辑界面。然后单击工具栏中的图标 ⬛,打开 Place Part 对话框,逐一选取元件放置在绘图界面上,如图 4.54 所示。

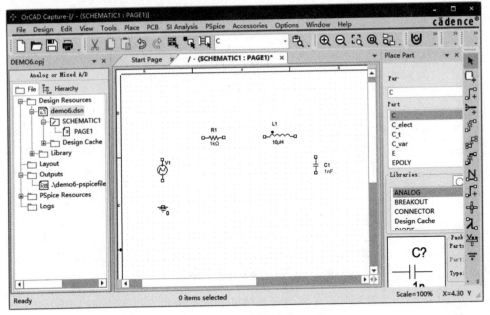

图 4.54 放置元件

设置器件参数,V1 是分段线性电压源 VPWL,双击 V1 打开 Property Editor 对话框。设置 V1 元件属性中的 T1、T2、T3、T4、V1、V2、V3、V4 值,在对应的表格栏中分别输入 0、$1\mu F$、$100\mu F$、$20mV$、0、1、1、1。同时在 Filter 区域选择 Capture PSpice,设置完成后的对话框如图 4.55 所示。

其他元件的参数设置,根据 RLC 串联电路时间常数的要求设置电阻、电感和电容的参数。设置完参数后进行器件连线,连线后的原理图如图 4.56 所示。

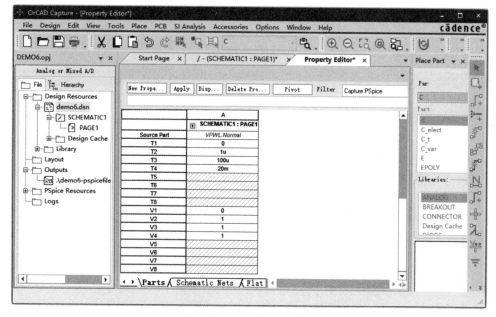

图 4.55 V1 元件参数编辑

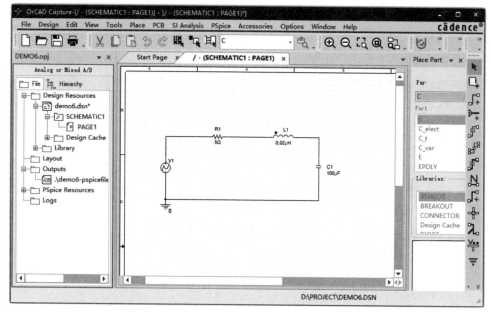

图 4.56 RLC 串联二阶电路

4.13.3 设置 PSpice 仿真参数

选择菜单栏中的 PSpice→New Simulation Profile 命令，弹出 New Simulation 对话框，在 Name 栏输入 RLC，在 Inherit From 栏选择 none。设置完成后单击

Create 按钮,出现如图 4.57 所示的 Simulation Setting-DEMO6 对话框。其中,Maximum Step Size 栏可以不设置,在 Run To Time 栏输入 20ms,在 Start saving data after 栏输入"0",设置完成后单击 OK 按钮。

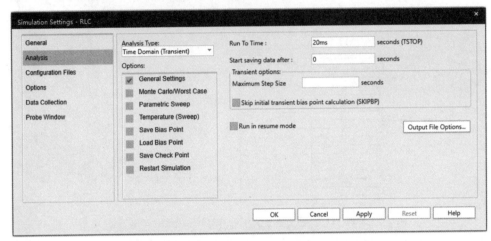

图 4.57 RLC 电路 simulation setting 对话框

4.13.4 执行 PSpice 仿真程序

选择菜单栏中的 PSpice→Run 命令,或者单击工具栏中的图标 ,弹出如图 4.58 所示的 PSpice A/D 窗口。

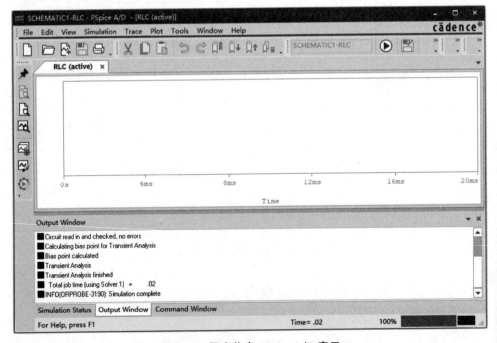

图 4.58 瞬态仿真 PSpice A/D 窗口

选择菜单栏中的 Trace→Add Trace 命令，或者单击工具栏中的图标 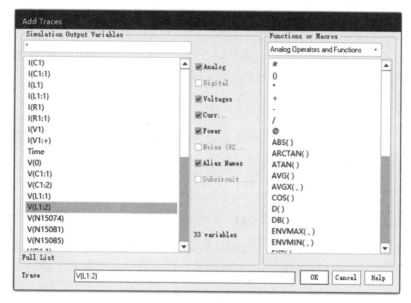，屏幕上弹出如图 4.59 所示的对话框。

图 4.59 瞬态仿真 Add Traces

在 Trace 栏输入 V(L1:2)，然后单击 OK 按钮，此时屏幕上将出现如图 4.60 所示的输出波形。

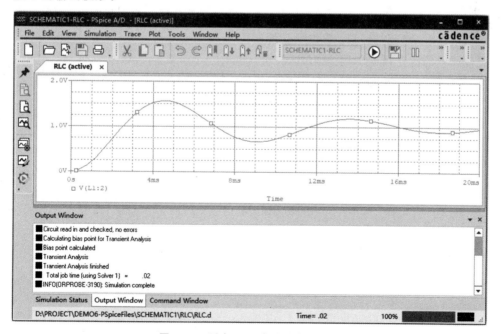

图 4.60 瞬态 RLC 电路仿真波形图

4.14 诺顿定理仿真

诺顿定理指的是任意一个线性有源的二端网络,总可以用一个电流源和一个电阻的并联电路来等效。这个电流源的电流等于该网络的短路电流,而电阻等于该网络内所有独立源不作用时网络的等效电阻,电流源与电阻的并联组合称为诺顿等效电路,诺顿定理的示意图如图 4.61 所示。

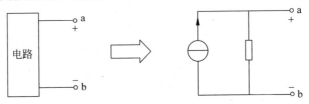

图 4.61　诺顿定理示意图

诺顿定理常用来分析一个复杂网络的简化等效电路,特别适用于计算某一条支路的电压或电流,或者分析某一个元件参数变动对该元件所在支路的电压或电流的影响。

4.14.1　绘制原理图

打开 Capture CIS 程序,新建一个工程文件进入原理图编辑界面。单击工具栏中的图标 ⬚,打开 Place Part 对话框,逐一选取元件放置在绘图界面上,首先选取 V_{dc} 直流电压源元件和 A_{dc} 直流电流源元件,然后选择电阻。元件选取完成后进行元件属性的设置和连线,绘制好的原理图如图 4.62 所示。

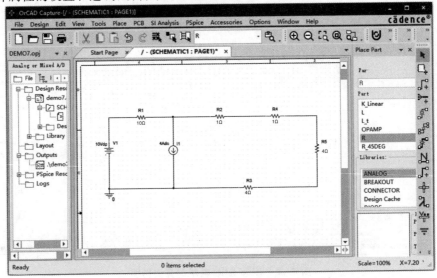

图 4.62　诺顿定理仿真原理图

4.14.2　设置仿真参数

选择菜单栏中的 PSpice→New Simulation Profile 命令，弹出 Simulation Setting
对话框，选择 Analysis 选项卡，然后在 Analysis Type 下拉列表中选择 Time Domain
（Transient），如图 4.63 所示。

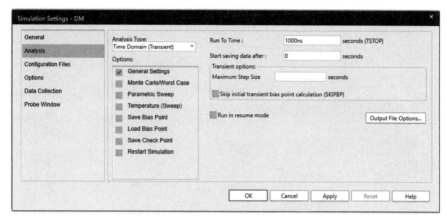

图4.63　诺顿定理仿真参数设置

4.14.3　执行仿真与结果分析

选择 Save 命令进行存档，然后选择菜单栏中的 PSpice→Run 命令，或者单击
工具栏中的图标 ⊙ ，弹出如图 4.64 所示的 PSpice A/D 窗口。

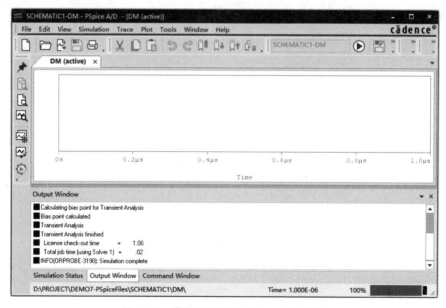

图4.64　诺顿定理仿真 PSpice A/D 窗口

在图 4.64 中选择菜单栏中的 Trace→Add Trace 命令，或者单击工具栏中的图标 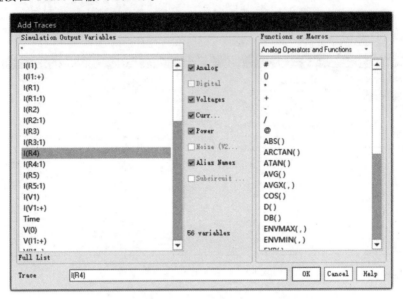，弹出如图 4.65 所示的 Add Traces 对话框，在左侧列表框中选择 I(R4)，或者直接在 Trace 栏输入 I(R4)。

图 4.65　诺顿定理仿真 Add Traces 对话框

设置完成后单击 OK 按钮，即可看到如图 4.66 所示的波形图，从波形图可以看出 I(R4) 的值为 −1.5A，即 I(R4)＝−1.5A。

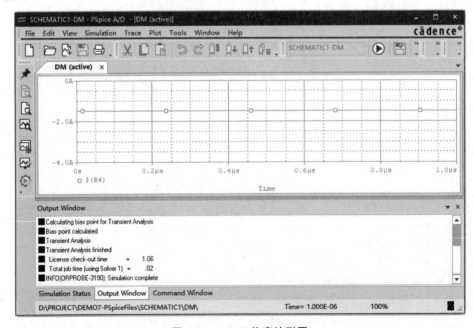

图 4.66　I(R4)仿真波形图

再次选择菜单栏中的 Trace→Add Trace 命令或者单击工具栏中的图标 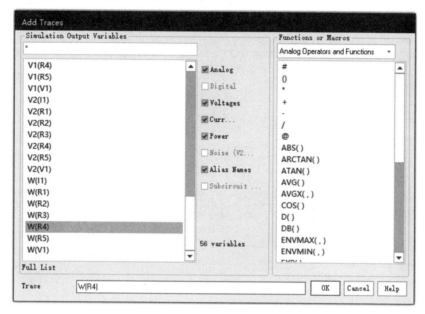，
弹出 Add Traces 对话框，在左侧列表框中选择 W(R4)，或者直接在 Trace 栏输入
W(R4)，如图 4.67 所示。

图 4.67　Add Traces 对话框

W(R4)设置完成后单击 OK 按钮，弹出如图 4.68 所示的波形图，从波形图可
以看出 W(R4)的值为 2.25W，即 W(R4)＝2.25W。

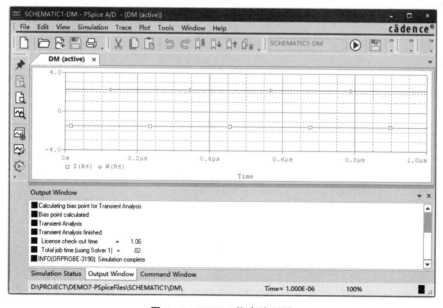

图 4.68　W(R4)仿真波形图

元件的电流值和功率也可以通过输出文件来查看,选择菜单栏中的 View→ Output File 命令可查看输出文本文档的内容,表 4.9 是输出文本的部分内容。

表 4.9 诺顿定理仿真输出文本的部分内容

```
********************************************************************
** Creating circuit file "DM.cir"
** WARNING: THIS AUTOMATICALLY GENERATED FILE MAY BE OVERWRITTEN BY SUBSEQUENT SIMULATIONS
* Libraries:
* Profile Libraries :
* Local Libraries :
* From [PSPICE NETLIST] section of C:\Cadence\SPB_Data\cdssetup\OrCAD_PSpice\17.4.0\
PSpice.ini file:
.lib "nom.lib"
* Analysis directives:
.TRAN   0 1000ns 0
.OPTIONS ADVCONV
.PROBE64 V(alias( * )) I(alias( * )) W(alias( * )) D(alias( * )) NOISE(alias( * ))
.INC "..\SCHEMATIC1.net"
**** INCLUDING SCHEMATIC1.net ****
* source DEMO7
I_I1          N16397 0 DC 4Adc
V_V1          N16386 0 10Vdc
R_R1          N16386 N16397   10 TC = 0,0
R_R2          N16397 N16401   1 TC = 0,0
R_R3          0 N16412   4 TC = 0,0
R_R4          N16401 N16405   1 TC = 0,0
R_R5          N16412 N16405   4 TC = 0,0
**** RESUMING DM.cir ****
.END
** Profile: "SCHEMATIC1 - DM"   [ D:\PROJECT\DEMO7 - PSpiceFiles\SCHEMATIC1\DM.sim ]
****       INITIAL TRANSIENT SOLUTION       TEMPERATURE =    27.000 DEG C
********************************************************************
    NODE    VOLTAGE     NODE     VOLTAGE     NODE     VOLTAGE     NODE     VOLTAGE
 (N16386)  10.0000  (N16397)  - 15.0000  (N16401)  - 13.5000  (N16405)  - 12.0000
 (N16412)  - 6.0000
VOLTAGE SOURCE CURRENTS
    NAME           CURRENT
    V_V1          - 2.500E + 00
    TOTAL POWER DISSIPATION   2.50E + 01   WATTS
          JOB CONCLUDED
** Profile: "SCHEMATIC1 - DM"   [ D:\PROJECT\DEMO7 - PSpiceFiles\SCHEMATIC1\DM.sim ]
```

4.14.4 验证定理

针对 4.14.1 节的原理图 4.62 进行诺顿定理的验证,对电路进行分解,绘制出诺顿定理等效电路图,如图 4.69 所示。

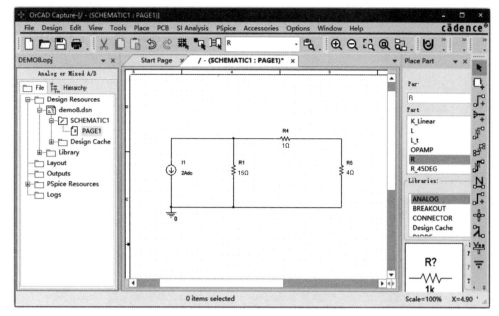

图 4.69　诺顿定理等效电路

选择菜单栏中的 PSpice→New Simulation Profile 命令，弹出 Simulation Settings 对话框，对其中的参数进行设置，如图 4.70 所示。

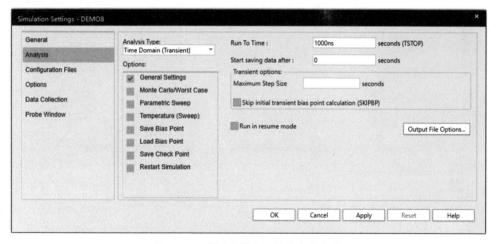

图 4.70　验证诺顿定理仿真参数设置

选择菜单栏中的 PSpice→Run 命令运行 PSpice A/D 仿真程序，屏幕上出现 PSpice A/D 窗口，然后选择菜单栏中的 Trace→Add Trace 命令，弹出如图 4.71 所示的 Add Traces 对话框。

在 Trace 栏输入 I(R4)，或者选择左侧列表框中的 I(R4)，设置完成后单击 OK 按钮，即可观察到如图 4.72 所示的波形图。从图中的波形可以看出，流过 R4 的电

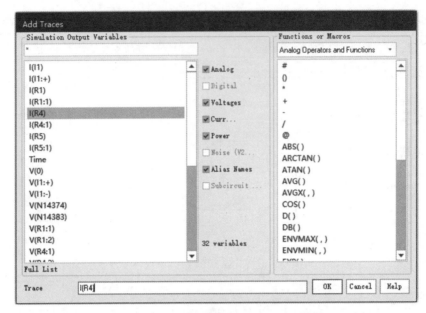

图 4.71 验证诺顿定理的 Add Traces 界面

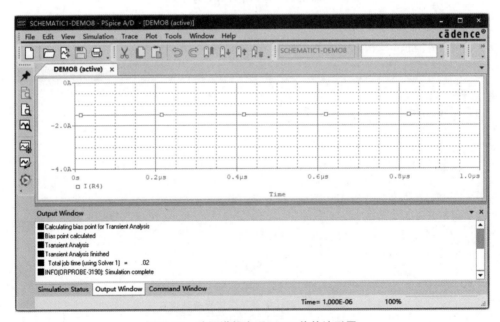

图 4.72 验证诺顿定理 I(R4)值的波形图

流 I(R4)为−1.5A,与原电路的值相同。

采用同样的操作方法,可以测出电阻 R4 消耗的功率。W(R4)的波形图如图 4.73 所示,从波形的坐标值可以看出 R4 消耗的功率 W(R4)=2.25W,功率值也与原电路相同,从而验证了诺顿定理的分析过程是正确的。

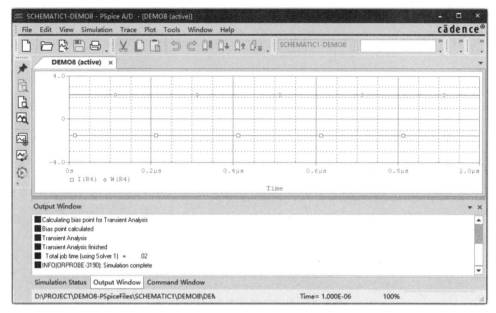

图 4.73 W(R4)值的波形图

4.15 晶体三极管放大电路分析

晶体三极管放大电路在模拟电路中占有比较重要的地位,首先电路中很多微小的信号需要放大,微小信号只有经过放大才能有助于被处理器识别。其次放大电路是滤波器、反馈电路、振荡器等电路的关键组成部分。另外,实际应用的放大电路大多都是多级放大电路,多级放大电路由若干个基本晶体三极管放大电路组成。

晶体三极管放大电路有共射极、共基极和共集电极三种接法,不同接法的输入和输出参数不一样,电路的放大性能也不一样。本章以晶体三极管共射极基本放大电路为例,对静态工作点、放大电路频率响应、输入阻抗、输出阻抗等指标进行仿真分析。

4.15.1 静态工作点计算

在三极管放大电路中,静态工作点的计算相当重要,静态工作点关乎到能否保证将信号完整的放大,就是不管输入信号是在正半周期还是负半周期都能保证三极管发射结正偏、集电结反偏,放大电路的各项动态指标均与静态工作点密切相关。下面通过具体电路讲解如何用 PSpice A/D 来求解放大电路的静态工作点。

(1) 绘制原理图。在原理图编辑环境(OrCAD Capture)下绘制原理图,先选取元件,然后进行元件的连线,电路原理图如图 4.74 所示。

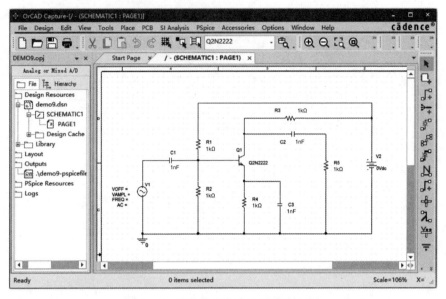

图 4.74　晶体三极管共射极放大电路

（2）设置元件参数。电阻值的设置：将 R1 设为 33kΩ、R2 设为 10kΩ、R3 设为 3kΩ、R4 设为 1.2kΩ、R5 设为 5.1kΩ。电容值的设置：将 C1 设为 10μF、C2 设为 10μF、C3 设为 50μF。正弦稳态源 V1（VSIN）、直流电压源 V2（VDS）、三极管 Q1（Q2N2222）也需要进行设置，设置方法如下。

① 正弦稳态源 V1 参数设置，双击元件 V1，将电压偏移量 VOFF 设为 O、电压幅度 VAMPL 设为 30mV、电压源的频率值 FREQ 设为 1kHz，如图 4.75 所示。

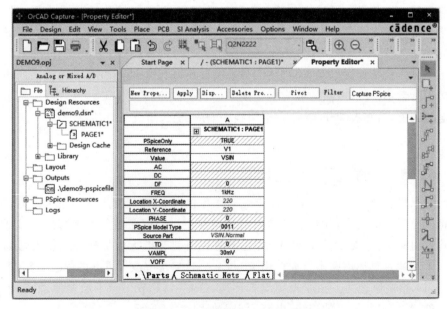

图 4.75　正弦稳态源 V1 参数设置

② 直流电压源 V2 参数设置。双击元件 V2，将电压源的 DC 值设为 12V，如图 4.76 所示。

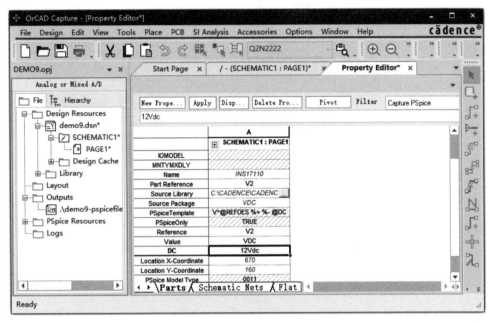

图 4.76　电压源参数设置

③ 三极管 Q1 参数设置。选中晶体三极管 Q1，选择菜单栏中的 Edit→PSpice Model 命令，弹出如图 4.77 所示的 PSpice Model Editor 窗口。修改三极管的放大倍数 Bf，将 Bf 值改为 50，修改后的界面如图 4.78 所示，然后保存文件并关闭窗口。

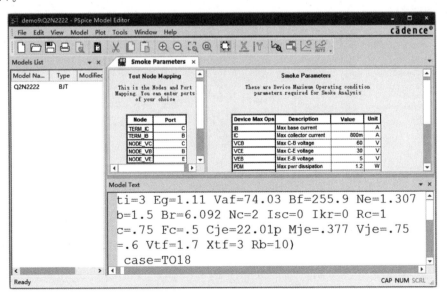

图 4.77　PSpice Model Editor 窗口

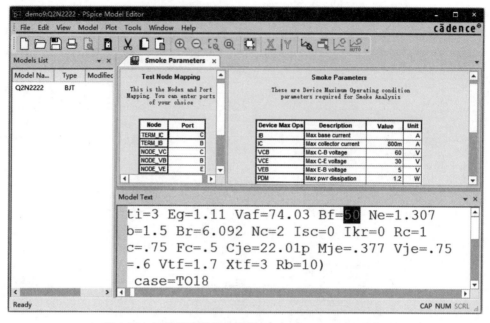

图 4.78 三极管参数修改后的 PSpice Model Editor 窗口

（3）保存文件。元件参数设置完成后选择菜单栏中的 File→Save 命令进行保存，保存后的原理图如图 4.79 所示。

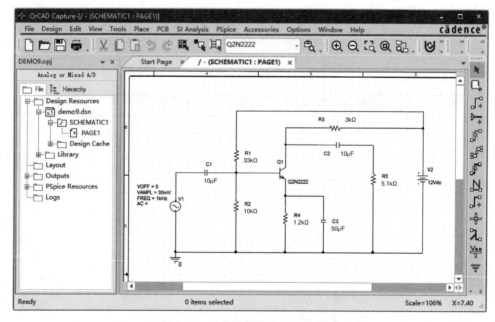

图 4.79 元件参数修改后的原理图

（4）静态工作点分析。选择菜单栏中的 PSpice→New Simulation Profile 命

令,输入创建的仿真文件后,弹出如图 4.80 所示的 Simulation Settings 对话框。在对话框中选择 Analysis 选项卡,然后在 Analysis Type 下拉列表中选择 Bias Point 选项,并选择左侧 Output File Options 栏中的第一项,即输出文件包括非线性电源的静态工作点的详细信息,如图 4.80 所示。

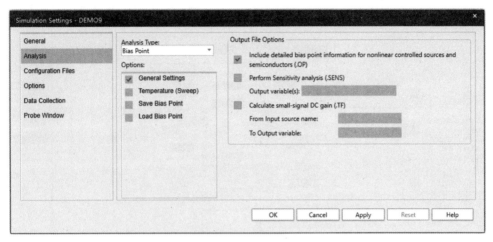

图 4.80　静态工作点仿真参数设置

设置完成后单击 OK 按钮关闭对话框,然后选择菜单栏中的 PSpice→Run 命令,或者单击工具栏中的图标 ▶ ,执行 PSpice A/D 仿真程序,弹出如图 4.81 所示的 PSpice A/D 窗口。

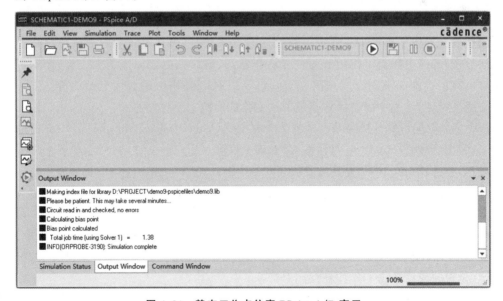

图 4.81　静态工作点仿真 PSpice A/D 窗口

将 PSpice A/D 窗口关闭,返回 OrCAD Capture 主窗口,分别单击工具栏中的

电压图标 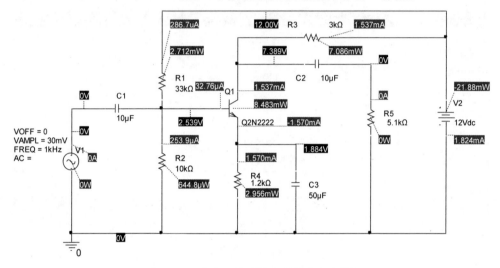、电流图标、功率图标，此时在电路图上可以看到电路的静态工作电压值和静态工作电流值，如图 4.82 所示。从图中可以看出三极管基极电流 $I_B = 32.76\mu A$，集电极电流 $I_C = 1.537\text{mA}$，集电极与发射极间的电压 $V_{CE} = 7.389V - 1.884V = 5.505V$，这三个数值就是该电路的静态工作点。

图 4.82　静态工作点的电压值和电流值

4.15.2　静态工作点的温度特性分析

放大电路的静态工作点随着环境温度变化而发生细微变化，静态工作点发生变化后会导致零点漂移。放大电路发生零点漂移时，漂移电压和有效信号电压无法分辨，漂移电压有可能把有效信号电压淹没，使放大电路无法正常工作，严重影响电路的性能。下面以原理图 4.79 为例，用 PSpice 来分析放大电路的静态工作点温度特性，绘制出静态工作点随温度变化的曲线。

（1）设置仿真分析参数。选择菜单栏中的 PSpice→New Simulation Profile 命令，弹出 New Simulation 对话框，在 Name 栏输入相应的文件名，然后单击 Create 按钮，弹出 Simulation Setting-DEMO6 对话框。在 Analysis type 下拉列表中选择直流扫描模型 DC Sweep；在右侧的扫描变量 Sweep Variable 选项区域中选择 Temperature 选项；在扫描类型 Sweep type 选项区域中选择线性扫描 Linear，并将 Start Value（起始值）设为 −20，End Value（终止值）设为 60、Increment（递增量）设为 1，表示仿真的温度范围为 −20℃到 60℃，每隔 1℃扫描一个点。如图 4.83 所示，设置完成后单击 OK 按钮关闭对话框。

（2）执行仿真。选择菜单栏中的 PSpice→Run 命令，或者单击工具栏中的图标，启动 PSpice A/D 仿真程序。仿真程序运行结束后弹出如图 4.84 所示的窗口。

（3）温度变化曲线分析。选择菜单栏中的 Trace→Add Trace 命令，或者单击

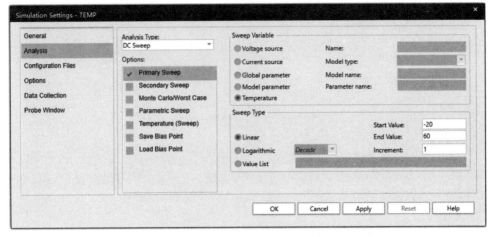

图 4.83　静态工作点温度特性仿真参数设置

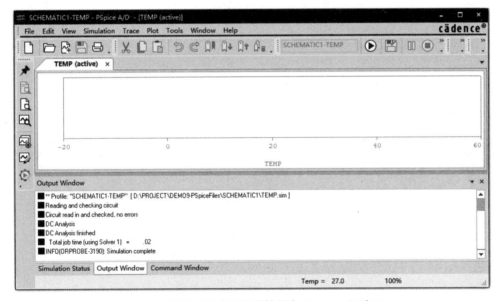

图 4.84　静态工作点温度特性仿真 PSpice A/D 窗口

工具栏中的图标 ![icon]，弹出 Add Traces 对话框，在左侧列表框中选择 I(Q1:c)，或者直接在 Trace 栏输入 I(Q1:c)，如图 4.85 所示。

设置完成后，单击 OK 按钮，屏幕上出现如图 4.86 所示的仿真结果波形图，横坐标是温度值，纵坐标是三极管 Q1 的集电极电流。可以使用光标工具测量温度值对应的电流值，选择菜单栏中的 Trace→Cursor→Display 命令。使用该命令测得当温度为−20℃时对应的集电极电流值 IC 是 1.4233mA，当温度为 60℃时对应的集电极电流值 IC 是 1.6075mA。

从曲线可以看出，随着温度的升高静态工作电流 I(Q1:c)有所升高，但升高的

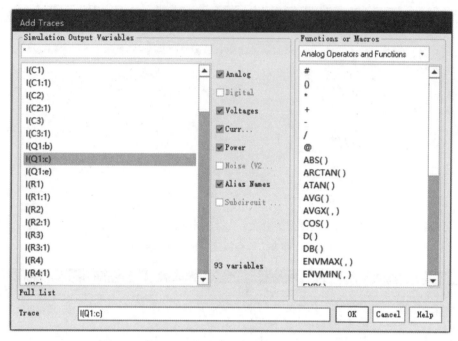

图 4.85　静态工作点温度特性仿真 Add Trace 对话框

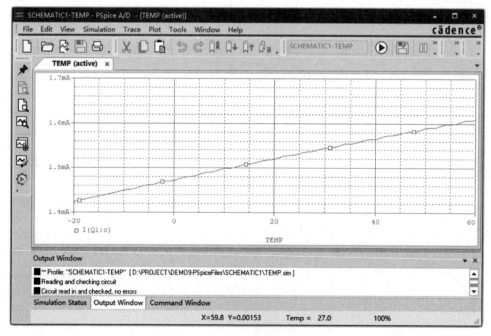

图 4.86　I(Q1:c)随温度变化曲线

幅度只有 0.184mA，这点微弱的变化不会导致放大电路产生零点漂移，电路的直流静态工作点是稳定的。之所以稳定是由于 R4 的负反馈作用，如果由于某种原因使 I(Q1:c)增大，I(Q1:c)增大将导致 I(Q1:e)增大。又由于 Q1 的基极电位几乎不变，导致 Vbe 减小，使得 I(Q1:b)减小，这样反过来使 I(Q1:c)减小，从而消弱了 I(Q1:c)增大的趋势，达到了稳定直流静态工作点的目的。

4.15.3　静态工作点对放大电路的影响

　　静态工作点设置不当会影响放大电路的性能，如果静态工作点过高，当输入信号按照正弦规律变化时，很容易进入饱和区；如果静态工作点过低，很容易进入截止区，输出电压正半周出现波形畸变。下面就静态工作点在饱和区、静态工作点在截止区、静态工作点在放大区进行分析，仍然以原理图图 4.79 为例。

　　(1) 静态工作点在饱和区。修改图 4.79 的电路，把电阻 R2 的阻值改为 20kΩ。双击正弦源 V1，弹出元件属性窗口，把电压偏移量 VOFF 设为 0、电压幅度 VAMPL 设为 50mV、电压源的频率值 FREQ 设为 1kHz。其他元件参数保持不变，修改后的原理图如图 4.87 所示。

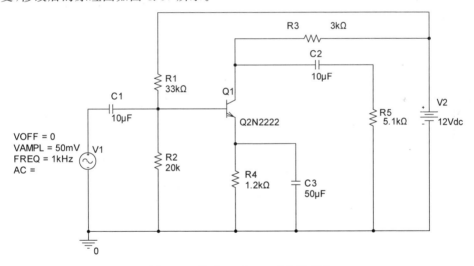

图 4.87　修改 R2 和 V1 后的原理图

　　设置仿真参数，对瞬态分析参数进行设置。选择菜单栏中的 PSpice→New Simulation Profile 命令，弹出 Simulation Setting 对话框，在分析类型的列表中选择瞬态分析 Time Domain(Transient)。其中运行时间 Run To Time 设为 10ms，最大步长 Maximum Step Size 设为 20μs，如图 4.88 所示。设置完成后单击 OK 按钮关闭对话框。

　　执行仿真程序，选择菜单栏中的 PSpice→Run 命令，或者单击工具栏中的图标 ▶ 启动 PSpice A/D 仿真程序，弹出如图 4.89 所示的 PSpice A/D 窗口。

　　返回到 OrCAD Capture 主窗口，然后单击工具栏中的电压图标 Ⓥ、电流图标

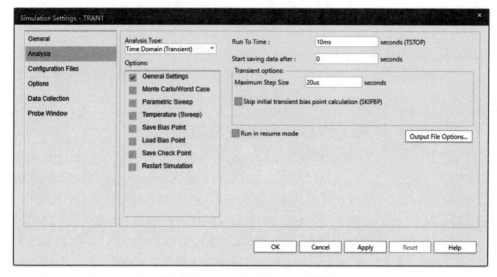

图 4.88   Simulation Setting 对话框

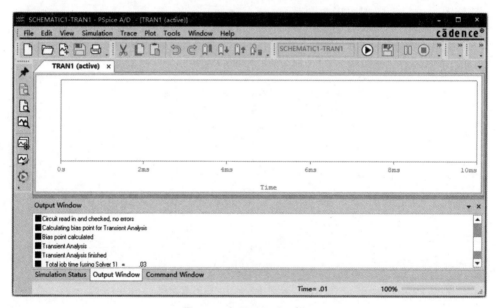

图 4.89   PSpice A/D 窗口

⚙,把电压值和电流值显示在结点上,如图 4.90 所示。从图中可以看出,基极电流 IB=57.23μA,集电极电流 IC=2.564mA,集电极与发射极间电压 VCE=4.310V －3.145V=1.165V,这三个数值就是该电路的静态工作点,从数值可以看出此时 的静态工作点比 R2=10kΩ 有所提高。

切换到 PSpice A/D 窗口,选择菜单栏中的 Trace→Add Trace 命令,或者单击 工具栏中的图标 💹,弹出 Add Traces 对话框,在左侧列表框中选择 V(C2:2),如 图 4.91 所示。

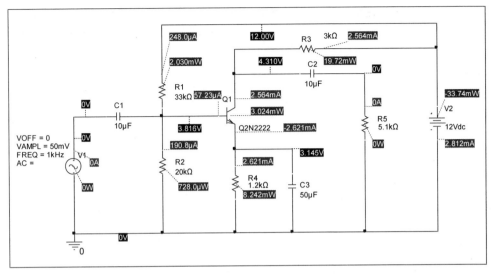

图 4.90　R2 为 20kΩ 时电路图中的静态工作电压和电流

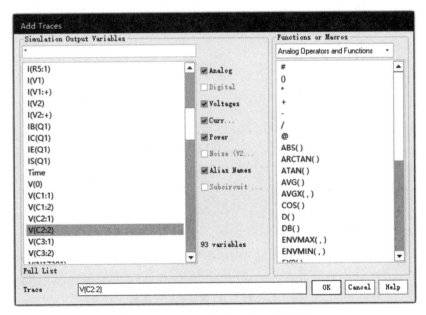

图 4.91　V(C2:2) Add Trace 对话框

　　设置完成后单击 OK 按钮，关闭 Add Traces 对话框，即可看到如图 4.92 所示的波形。从图 4.92 中可以看出，输出波形出现了明显的失真，波形的负半周被切掉了一部分，出现了饱和失真。这是由于静态工作点过高导致的，静态工作点在饱和区。

　　（2）静态工作点在截止区。修改图 4.79 的电路，把电阻 R2 的阻值改为 5.6kΩ，其他元件参数保持不变，修改后的原理图如图 4.93 所示。

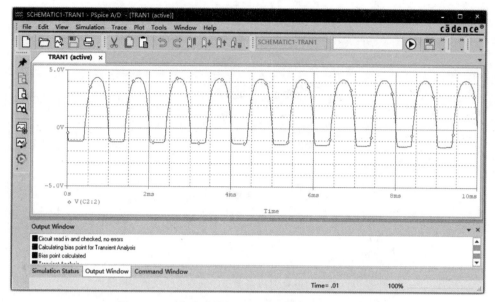

图 4.92　工作点在饱和区时放大器电路的输出波形

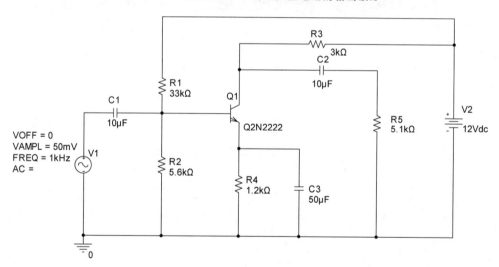

图 4.93　修改 R2 阻值后的原理图

　　设置仿真参数,选择菜单栏中的 PSpice→New Simulation Profile 命令,弹出 Simulation Setting 对话框,选择瞬态分析 Time Domain(Transient)项。参数与之前保持一致,运行时间 Run To Time 设为 10ms,最大步长 Maximum Step Size 设为 20μs,如图 4.94 所示。设置完成后单击 OK 按钮关闭对话框。

　　选择菜单栏中的 PSpice→Run 命令,或者单击工具栏中的图标 ▶,启动 PSpice A/D 仿真程序,弹出如图 4.95 所示的 PSpice A/D 窗口。

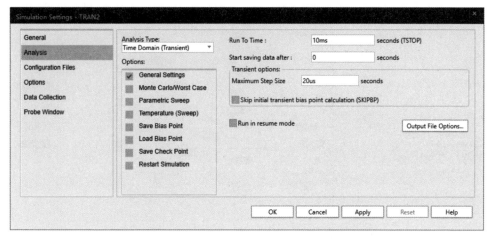

图 4.94　R2 为 5.6kΩ 时仿真参数设置对话框

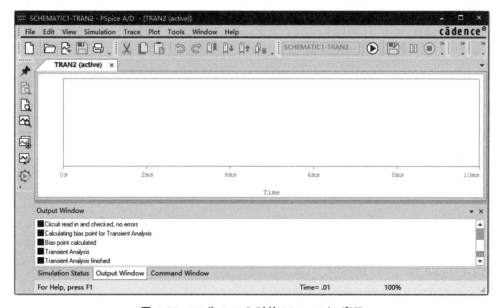

图 4.95　R2 为 5.6kΩ 时的 PSpice A/D 窗口

　　将 PSpice A/D 窗口最小化回到 OrCAD Capture 主窗口,单击工具栏中的电压图标 Ⓥ、电流图标 Ⓘ,把电压值和电流值显示在电路上,如图 4.96 所示。从图中可以看出,基极电流 IB＝17.37μA,集电极电流 IC＝831.9mA,集电极与发射极间电压 VCE＝9.504V－1.019V＝8.485V,从数值可以看出此时的静态工作点比 R2＝10kΩ 有所降低。

　　回到 PSpice A/D 窗口,选择菜单栏中的 Trace→Add Trace 命令,或者单击工具栏中的图标 ,弹出 Add Traces 对话框,在左侧列表框中选择 V(C2:2),如图 4.97 所示。

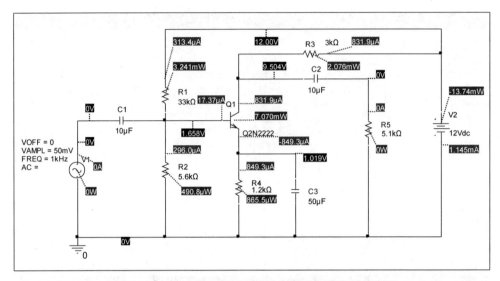

图 4.96　R2 为 5.6kΩ 时电路图中的静态工作电压和电流

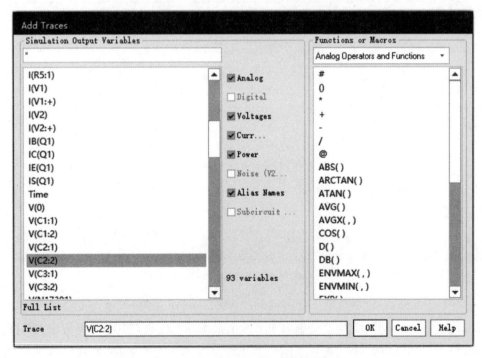

图 4.97　V(C2:2) Add Trace 对话框(R2＝5.6kΩ)

　　添加 V(C2:2)参数后单击 OK 按钮,关闭 Add Traces 对话框,弹出如图 4.98 所示的波形。从图中可以看出输出波形出现了的失真,输出波形的正半周被切掉了一部分。这是由于静态工作点过低导致的。当输入信号增大时,输出波形出现了截止失真。

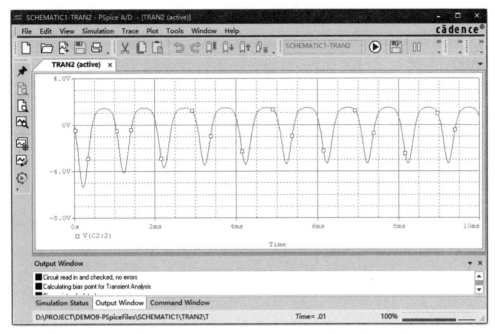

图 4.98　工作点在截止区时放大器电路的输出波形

（3）静态工作点在放大区。修改图 4.79 的电路，把电阻 R2 的阻值改为 13kΩ，把正弦源 V1 的电压幅度 VAMPL 设为 15mV，其他元件参数保持不变，修改后的原理图如图 4.99 所示。

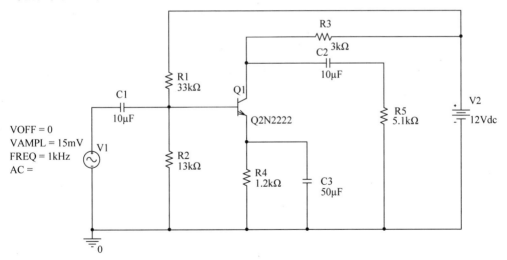

图 4.99　R2 为 13kΩ 的原理图

选择菜单栏中的 PSpice→New Simulation Profile 命令，弹出 Simulation Settings 对话框，选择瞬态分析 Time Domain(Transient)项。参数设置与之前保持一致，运行时间 Run To Time 为 10ms，最大步长 Maximum Step Size 为 20μs，

如图 4.100 所示。设置完成后单击 OK 按钮关闭对话框。

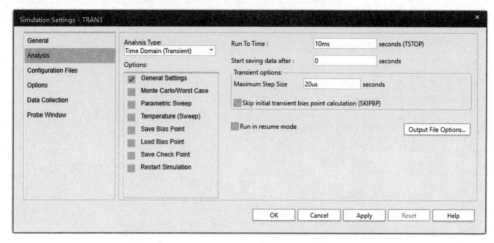

图 4.100　R2 等于 13kΩ 时仿真参数设置对话框

启动 PSpice A/D 仿真程序,选择菜单栏中的 PSpice→Run 命令,或者单击工具栏中的图标 ⊙ ,弹出如图 4.101 所示的 PSpice A/D 窗口。

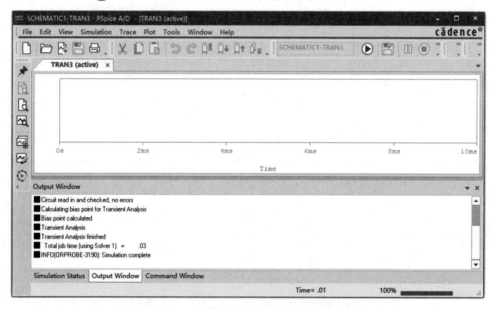

图 4.101　R2 等于 13kΩ 时 PSpice A/D 窗口

返回到 OrCAD Capture 主窗口,单击电压图标 Ⓥ 和电流图标 Ⓘ ,此时电压值和电流值会显示在电路图上,如图 4.102 所示。从图中可以看到,IB＝41.38μA,IC＝1.911mA,集电极与发射极电压 VCE＝6.266V－2.343V＝3.923V,这三个数值为该电路的直流工作点。

查看输出波形,回到 PSpice A/D 窗口,选择菜单栏中的 Trace→Add Trace 命

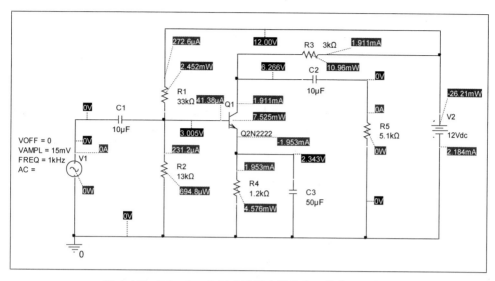

图 4.102 R2＝5.6kΩ 时电路图中的静态工作电压和电流

令，或者单击工具栏中的图标 ![icon]，弹出 Add Traces 对话框。在左侧列表框中选择 V(C2:2)，然后单击 OK 按钮，屏幕上显示如图 4.103 所示的波形图。从图中可以看出波形失真很小，波形的正半周和负半周没有出现切顶失真的现象，静态工作点设在放大区。

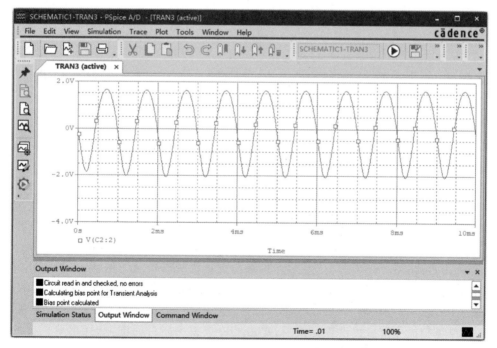

图 4.103 工作点在放大区时放大器电路的输出波形

以上对晶体三极管放大电路静态工作点工作在饱和区、截止区和放大区进行分析后,可以得出结论:当静态工作点偏高时容易产生饱和失真;当静态工作点偏低时容易产生截止失真;只有当静态工作点设置在中间范围,放大电路才能正常工作,获得较大的动态范围。

4.15.4 测量输入电阻和输出电阻

输入输出电阻也是放大电路一项非常重要的指标。输入电阻是从放大电路输入端看进去的等效电阻,是用来衡量放大器对信号源的影响,输入电阻越大,表明放大器从信号源索取的电流越小,放大器输入端得到的信号电压也越大,即信号源电压衰减较小。输出电阻是从放大器输出端看进去的电阻,如果把放大器看成一个信号源,输出电阻就是信号源的内阻,输出电阻用来衡量放大器带负载能力的强弱。利用 PSpice 仿真可以非常准确地测量出放大电路的输入电阻和输出电阻,而不必进行手工计算。

(1) 输入电阻的测量。

在原理图 4.79 中修改元件参数,双击正弦源 V1(VSIN),弹出元件属性窗口,把 AC 值设为 5mV。其他元件参数保持不变,修改后的原理图如图 4.104 所示。

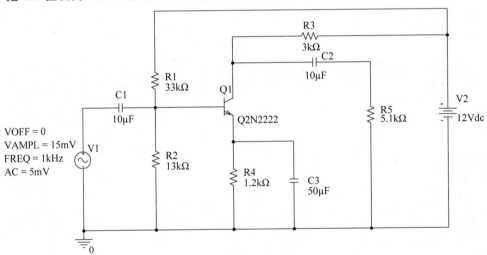

图 4.104　测量输入电阻的原理图

在 OrCAD Capture 界面,选择菜单栏中的 PSpice→New Simulation Profile 命令,弹出 Simulation Settings 对话框,选择交流扫描分析项 AC Sweep。设置交流扫描分析参数,Start Frequency(起始频率)设为 20Hz,End Frequency(终止频率)设为 10Meg,扫描点数 Points/Decade 设为 100,如图 4.105 所示。

交流扫描分析参数设置完成后,单击 OK 按钮关闭对话框,选择菜单栏中的 PSpice→Run 命令,或者单击工具栏中的图标 ▶,启动仿真程序,弹出 PSpice A/D 窗口,如图 4.106 所示。

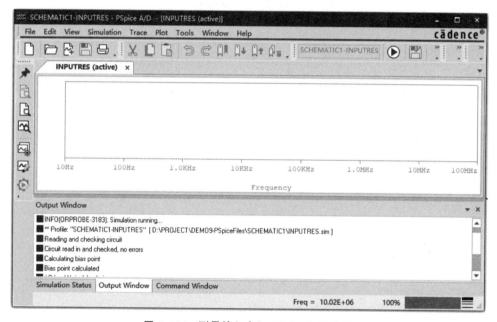

图 4.105 测量输入电阻仿真参数设置对话框

图 4.106 测量输入电阻 PSpice A/D 窗口

执行仿真前，先进行设置，选择菜单栏中的 Trace→Add Trace 命令，或者单击工具栏中的图标 ，弹出 Add Traces 对话框，在对话框的左侧列表中选择要观察的变量，输入电阻 R(in)＝Vi/Ii，因此在 Trace 栏输入 V(C1:1)/I(C1:1)，如图 4.107 所示。

执行仿真，设置完成后单击 OK 按钮，即可看到如图 4.108 所示的波形图。从波形图可以看出，在低频段输入阻抗很大，随着频率的升高输入电阻逐渐变小。这是由于电路中的输入耦合电容所导致的，在低频时耦合电容阻抗很大，当频率增加时阻抗逐渐变小。

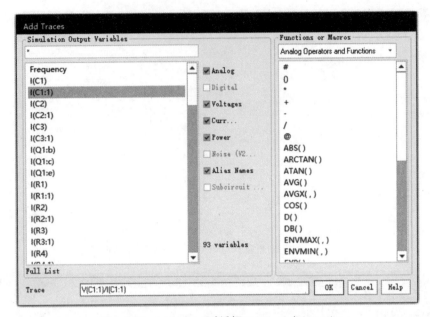

图 4.107　Add Trace 对话框 V(C1:1)/I(C1:1)

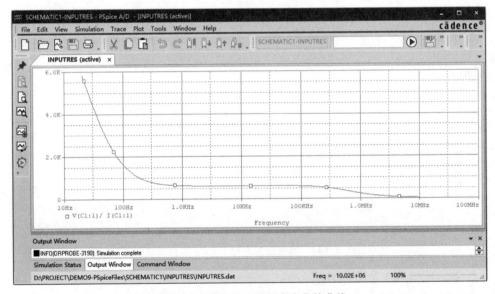

图 4.108　输入电阻随频率变化的曲线

（2）输出电阻测量。

测量方法是去掉电路的输入信号源和负载电阻，在放大电路的输出端加一信号源，通过测量该信号源的电压与电流之比得到放大电路的输出电阻。

在图 4.79 基础上修改电路图，去掉正弦电压源信号（VSIN）V1 并短接输入端，然后删除负载电阻 RL 并增加电压源（V_{dc}）。修改电压源的属性，将其 V_{dc} 值设为 20mV,修改后的原理图如图 4.109 所示。

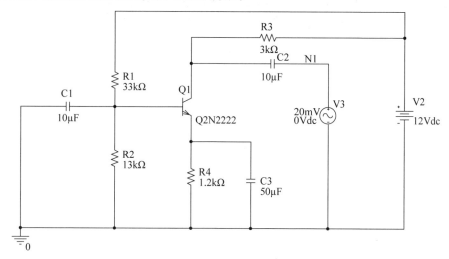

图 4.109 计算输出电阻的原理图

设置交流扫描分析项 AC Sweep 参数值,与测量输入电阻的参数值保持一致,起始频率为 20Hz,终止频率为 10Meg,扫描点数为 100,如图 4.110 所示。

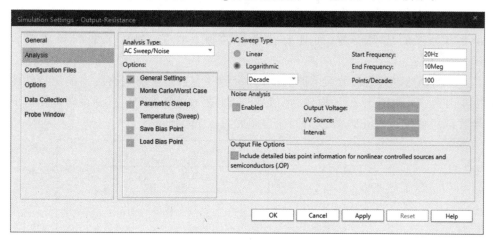

图 4.110 计算输出电阻的仿真参数设置

设置完成后单击 OK 按钮,然后运行仿真程序,弹出 Add Traces 对话框,在 Trace 栏输入 V(N1)/I(C2),即可看到如图 4.111 所示的仿真结果波形图。从波形图可以看出,输出电阻随频率的增加而减小,利用光标工具 Cursor 可测得中频段的输出电阻值,中频段的输出电阻值约为 2.79kΩ。

4.15.5　放大电路的频率响应特性

放大电路的作用是将一定频率的微弱信号放大到合适的大小,以便于检

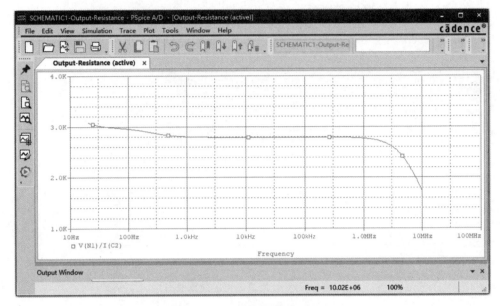

图 4.111　输出电阻的仿真波形图

测或者是用于驱动下一级电路,频率响应特性是放大电路的一项核心指标。频率响应就是指放大器的增益与频率的关系,一个性能良好的放大器电路,不但要有足够的放大倍数,而且要有良好的保真性能,即放大器的频率响应要好。

下面仍然以共射极放大电路为例,分析哪些参数是影响电路频率响应特性的主要因素。修改图 4.79 的电路,把信号源 V1 改成电压源(V_{dc}),并设置电压源的参数,V_{dc} 值设为 20mV,修改后的原理图如图 4.112 所示。

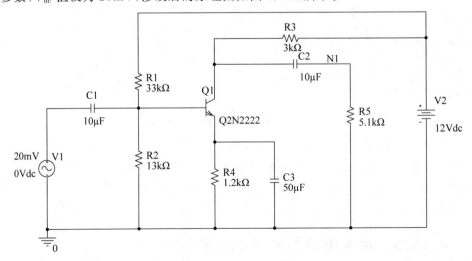

图 4.112　频率响应特性分析原理图

分析类型采用交流扫描分析 AC Sweep，在 Simulation Setting 对话框设置仿真参数。起始扫描频率设为 1Hz，终止扫描频率设为 1MHz，扫描点数为 100，如图 4.113 所示。

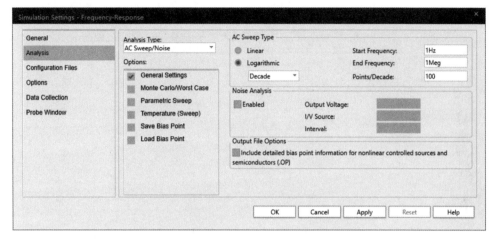

图 4.113　频率响应特性分析仿真参数设置界面

在原理图上修改输入耦合电容 C1、输出耦合电容 C2 和旁路电容 C3 的电容值，分以下 5 种情况，验证不同的电容值对频率特性的影响。

（1）将输入耦合电容 C1 改为 $1000\mu F$（电容值足够大），输出耦合电容 C2 和旁路耦合电容 C3 的值保持不变（C2 的电容值为 $10\mu F$，C3 的电容值为 $50\mu F$），执行仿真程序（选择菜单栏中的 PSpice→Run 命令），得到如图 4.114 所示的输出电压频率响应波形图。

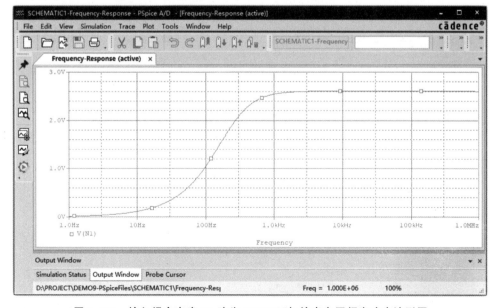

图 4.114　输入耦合电容 C1 改为 $1000\mu F$ 时，输出电压频率响应波形图

（2）将输出耦合电容 C2 改为 $1000\mu F$（电容值足够大），输入耦合电容 C1 和旁路耦合电容 C3 的值保持不变（C1 的电容值为 $10\mu F$，C3 的电容值为 $50\mu F$），执行仿真程序（选择菜单栏中的 PSpice→Run 命令），得到如图 4.115 所示的输出电压频率响应波形图。

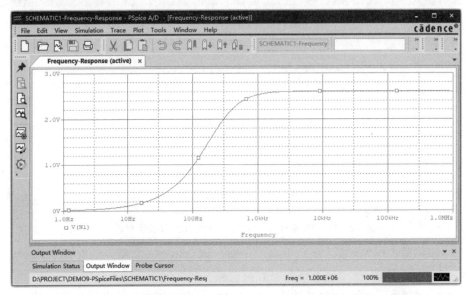

图 4.115 输出耦合电容 C2 改为 $1000\mu F$ 时输出电压频率响应波形图

（3）将输入耦合电容 C1 和输出耦合电容 C2 都改为 $1000\mu F$，旁路耦合电容 C3 的值保持不变（C3 的电容值为 $50\mu F$），执行仿真程序（选择菜单栏中的 PSpice→Run 命令），得到如图 4.116 所示的输出电压频率响应波形图。

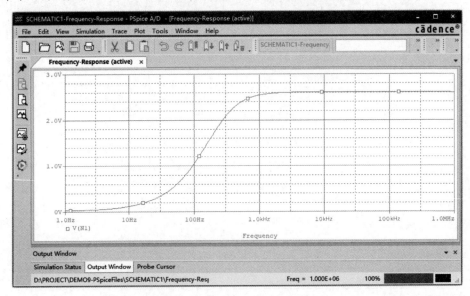

图 4.116 输入耦合电容 C1 和输出耦合电容 C2 都改为 $1000\mu F$ 时输出电压频率响应波形图

（4）将旁路电容 C3 改为 $1000\mu F$，输入耦合电容 C1 和输出耦合电容 C2 的值保持不变（C1 的电容值为 $10\mu F$，C2 的电容值为 $10\mu F$），执行仿真程序（选择菜单栏中的 PSpice→Run 命令），得到如图 4.117 所示的输出电压频率响应波形图。

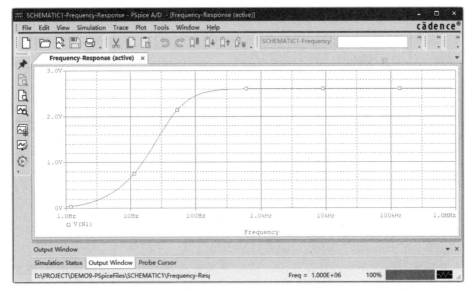

图 4.117 旁路电容 C3 改为 $1000\mu F$ 时输出电压频率响应波形图

（5）将旁路电容 C3 改为 $1\mu F$，输入耦合电容 C1 和输出耦合电容 C2 的值保持不变（C1 的电容值为 $10\mu F$，C2 的电容值为 $10\mu F$），执行仿真程序（选择菜单栏中的 PSpice→Run 命令），得到如图 4.118 所示的输出电压频率响应波形图。

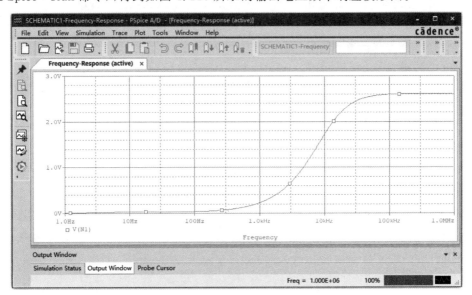

图 4.118 旁路电容 C3 改为 $1\mu F$ 时输出电压频率响应波形图

以上 5 种波形图对应着输入耦合电容、输出耦合电容、旁路电容不同值时的输出电压随频率变化的曲线,通过对比可以得出结论,输入耦合电容 C1 和输出耦合电容 C2 对电路的频率响应特性影响不大,旁路电路 C3 的电容值大小对电路的频率响应起着重要作用。因此,在设计三极管共射极放大电路时,须考虑旁路电容的取值。

4.16　PSpice 高级仿真功能

前面已经介绍了 PSpice 的直流分析、瞬态分析和交流分析等,这些分析方法可以对电路的功能和性能进行验证。但是,对于一个完整的电子系统而言,仅电路功能正确和电气性能满足需求是不够的,还需要从稳定性、可靠性和适应性等方面对电路系统进行全面评估。PSpice 提供温度分析、最坏情况分析等高级仿真功能,利用这类高级仿真功能,可以对电子系统的可靠性指标进行预测。

4.16.1　温度分析

电子元件在不同的温度环境下其性能参数会有一定的变化,PSpice 中所有的元件参数和模型默认工作在常温下,即 25℃。而实际电路的工作温度各不相同,例如在北方地区,冬天环境温度长时间在 −20℃；在南方地区,夏天环境温度较高,部分时间可达 40℃以上。温度的差异可能导致常温下正常工作的电路在低温或者高温下就不能正常工作了。因此,进行器件工作模式的温度仿真分析对保证电路的可靠性是非常必要的,下面以简单的直流电阻电路为例,分析温度变化对电路的影响。

（1）绘制原理图。调用元器件,并编辑元器件属性,将电阻 R2 的温度系数 TC1 设为 0.2、TC2 设为 0.01,绘制好的原理图如图 4.119 所示。

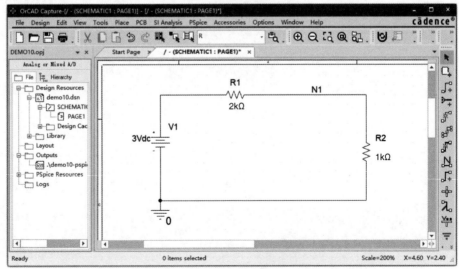

图 4.119　温度分析仿真原理图

（2）设置仿真参数。选择菜单栏中的 PSpice→New Simulation Profile 命令，弹出 Simulation Settings 对话框，选择交流扫描分析项 AC Sweep。分别设置 Primary Sweep 和 Temperature 的仿真参数，Primary Sweep 参数如图 4.120 所示，Temperature 参数如图 4.121 所示。

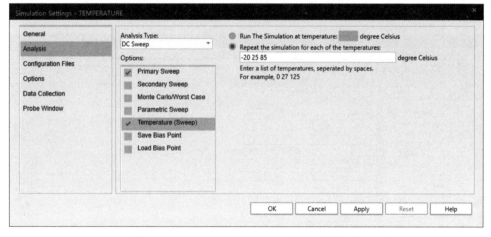

图 4.120 Primary Sweep 仿真参数设置

图 4.121 Temperature(Sweep)仿真参数设置

（3）温度扫描曲线分析，执行仿真后，得到如图 4.122 所示的波形图，三条曲线从上到下分别代表−20℃、25℃和 85℃时结点 N1 的电压值。

4.16.2 最坏情况分析

最坏情况分析是一种可靠性分析技术，属于容差分析，用来评估电路中各器件参数同时发生最坏情况变化时的电路性能，用来保证电路在整个寿命周期内都能够可靠工作。通过最坏情况分析，可以预测元器件参数的变化极限是否超过了允

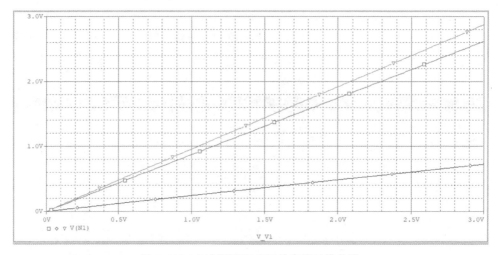

图 4.122　三个不同温度下的直流扫描曲线

许的偏差范围,根据允许的偏差范围进行器件的选项,选择性价比最高的器件应用在电路中。下面简要介绍使用 PSpice 进行最坏情况的分析,仍然用图 4.109 所示的电路图为例。

（1）设置器件容差值。把电阻 R1 和 R2 的容差值设为 10%,双击电阻弹出元件属性对话框,在 TOLERANCE 栏输入+－10%,如图 4.123 所示。

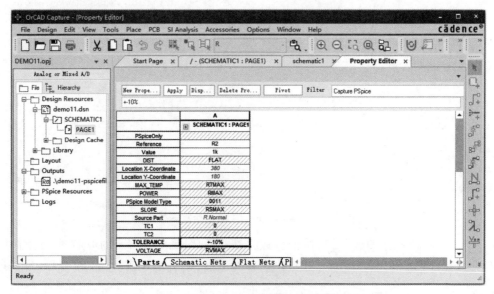

图 4.123　电阻 R1 和 R2 的容差值设为 10%

（2）在 Simulation Settings 对话框选择直流扫描分析 DC Sweep,并在 Options 列表框中选择 Primary Sweep 和 Monte Carlo/Worst Case 项,Primary Sweep 项设置内容如图 4.124 所示。

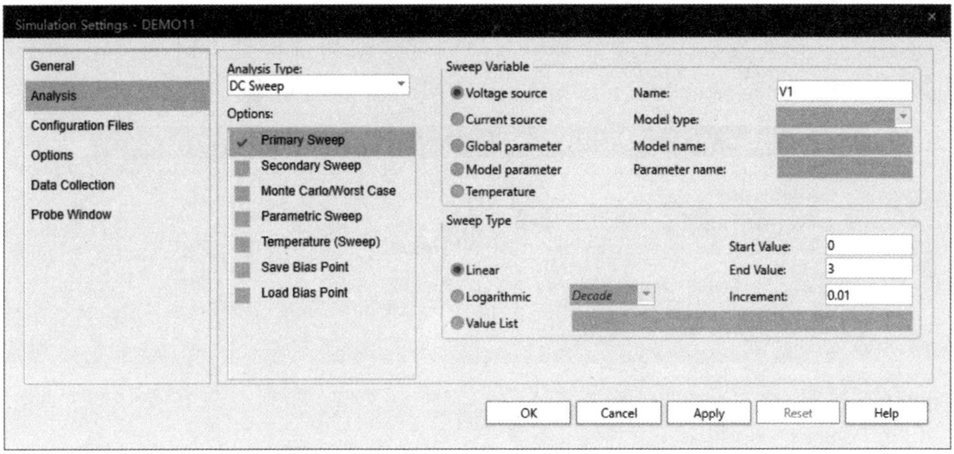

图 4.124　Primary Sweep 仿真参数设置

Monte Carlo/Worst Case 项设置内容如图 4.125 所示，勾选 Worst-case/Sensitivity，在 Output variable 栏输入 V(N1)。Vary Device that have tolerance 提供了三种选择方式，分别是 only DEV、only LOT 和 both DEV and LOT，选择 both DEV and LOT，表示器件容差可以组合变化，以达到最坏情况的分析。勾选 Save data from each sensitivity run，表示保持灵敏度分析结果。

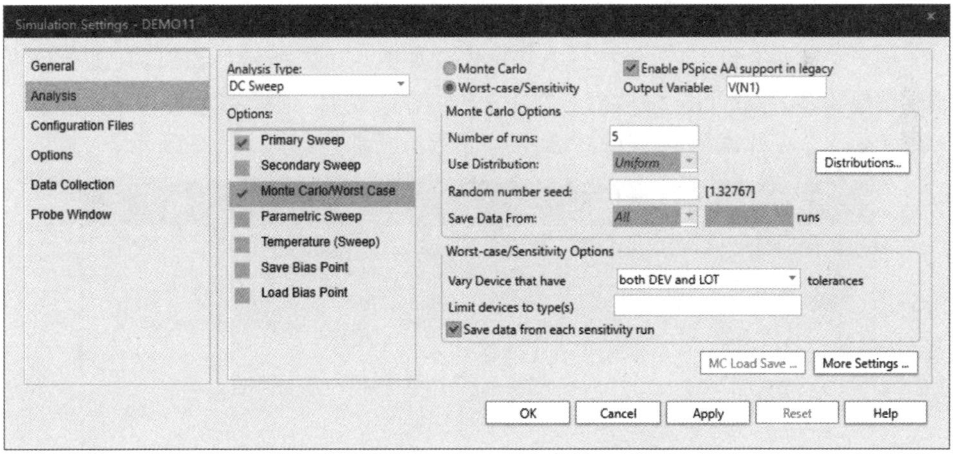

图 4.125　Monte Carlo/Worst Case 仿真参数设置

单击 More Setting，进入 Worst-Case Output File Options 对话框，如图 4.126 所示。在 Find 下拉菜单中有 5 种选择。选择 1，the greatest difference from the nominal run(YMAX)表示与元件参数额定值状态下性能参数的差值最大；选择 2，the maximum value(MAX)表示使元件性能参数的最大值增大或者减小；选择 3，the minimum value(MIN)表示使元件性能参数的最小值增大或者减小；选择 4，the first rising threshold crossing(RISE EDGE)表示元件参数提前或者滞后上

升到规定值的首次发生时刻；选择 5，the first falling threshold crossing（FALL EDGE）表示元件参数提前或者滞后下降到规定值的首次发生时刻。勾选"the greatest difference from the nominal run（YMAX）"进行仿真。

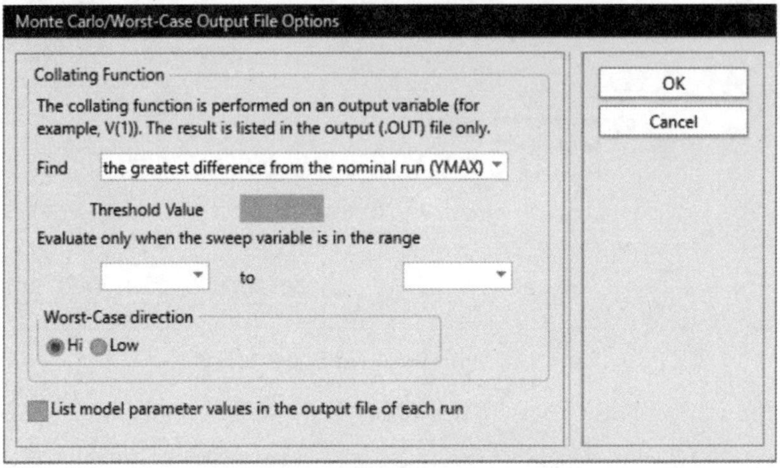

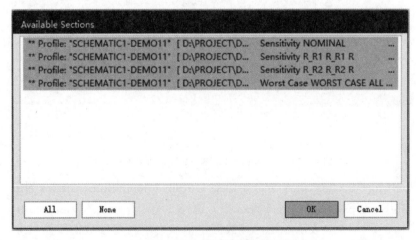

图 4.126　Case Output File Options 对话框

在 Worst-Case direction 选择中勾选 Hi，表示仿真的分析结果朝正向偏移。勾选 List model parameter values in the output file for each run，表示仿真程序执行时将不同情况下的模型参数值存放到输出文件中。

（3）完成参数设置后，执行仿真程序出现如图 4.127 所示的窗口，有 4 项仿真结果的输出项，单击 OK 按钮后。在 PSpice A/D 界面，选择菜单栏中的 Trace→Add Trace 命令并添加 V(N1)，得到最坏情况分析曲线如图 4.128 所示。

图 4.127　仿真结果信息

（4）输出结果分析，选择菜单栏中的 Trace→Cursor 命令，把光标放置在电压值为 2.0V 的位置，得到不同情形下的输出结点电压值，如图 4.129 所示。

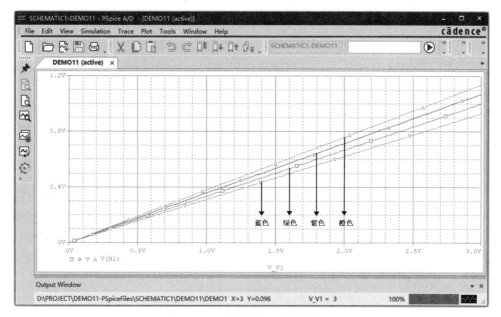

图 4.128　最坏情况分析曲线图

Trace Color	Trace Name		Y2	Y1 - Y2	Y1(Cursor1) - Y2(Cursor2)	666.667m		
	X Values	2.0000	0.000	2.0000	Y1 - Y1(Cursor1)	Y2 - Y2(Cursor2)	Max Y	Min Y	Avg Y
绿色	V(N1)	666.667m	0.000	666.667m	0.000	0.000	666.667m	0.000	333.333m
紫色	V(N1)	714.286m	0.000	714.286m	47.619m	0.000	714.286m	0.000	357.143m
蓝色	V(N1)	620.690m	0.000	620.690m	-45.977m	0.000	620.690m	0.000	310.345m
橙色	V(N1)	758.621m	0.000	758.621m	91.954m	0.000	758.621m	0.000	379.310m

图 4.129　输出结果分析

当 R1 和 R2 都为标称值时,输出结点电压为 666.667mV;当 R1 独立变化时,得到与标称值的正向最大偏差,对应的电压值为 714.286mV;当 R2 独立变化时,得到与标称值的负向最大偏差,对应的电压值为 620.690mV;当电阻 R1 和 R2 同时变化时,得到最坏情况下的输出结果,对应的电压值为 758.621mV。计算过程如下,理论计算结果与仿真分析结果一致。

$$V(\mathrm{N1}) = \frac{R2}{R1 + R2} \times V1 \tag{4-4}$$

当 R1 和 R2 都为标称值时,R1 取值 2000Ω,R2 取值 1000Ω,此时结点 N1 的电压为:

$$V(\mathrm{N1}) = \frac{R2}{R1 + R2} \times V1 = \frac{1000}{2000 + 1000} \times 2 \approx 666.667\mathrm{mV} \tag{4-5}$$

当 R1 独立变化时,根据前面设置的 10% 容差,R1 取值 1800Ω,R2 取值 1000Ω,此时结点 N1 的电压为:

$$V(\mathrm{N1}) = \frac{R2}{R1 + R2} \times V1 = \frac{1000}{1800 + 1000} \times 2 \approx 714.286\mathrm{mV} \tag{4-6}$$

当 R2 独立变化时,根据前面设置的 10%容差,R1 取值 2000Ω,R2 取值 900Ω,此时结点 N1 的电压为:

$$V(\text{N1}) = \frac{R2}{R1+R2} \times V1 = \frac{900}{2000+900} \times 2 \approx 621.690\,\text{mV} \qquad (4\text{-}7)$$

当 R1 和 R2 同时变化时,R1 取值 1800Ω,R2 取值 1100Ω,此时结点 N1 的电压为:

$$V(\text{N1}) = \frac{R2}{R1+R2} \times V1 = \frac{1100}{1800+1100} \times 2 \approx 758.621\,\text{mV} \qquad (4\text{-}8)$$

4.16.3 傅里叶分析

PSpice 仿真的傅里叶分析是将瞬态输出波形从时域变换到频域,并求出它的频域变化规律,主要用于评估时域信号的基频和谐波分量。下面以 RLC 电路为例,讲述 PSpice 傅里叶分析方法。

(1) 新建项目绘制原理图。

信号源使用脉冲电压源信号(VPULSE),并设置信号源 V1 的参数。电压起始值设为 -3.0V,电压脉动值设为 3.0V,信号上升时间 TR 设为 1ns,信号下降时间设为 1ns,延迟时间 TD 设为 0,脉冲宽度设为 100μs,信号周期 PER 设为 200μs。原理图如图 4.130 所示。

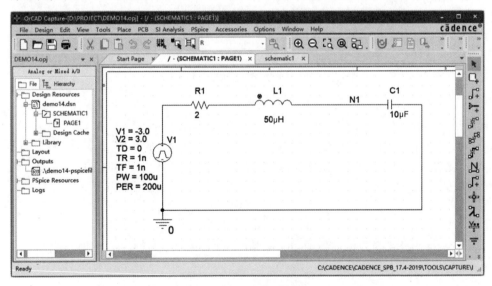

图 4.130 RLC 仿真电路

(2) 设置时域仿真参数。

在 Simulation Setting 对话框选择时域分析项 Time Domain,最大步长设为 10μs,仿真时间设为 1000μs,如图 4.131 所示。然后单击 Output File Options,设置傅里叶分析参数,中心频率设为 5000Hz(信号源的信号周期 PER 为 200μs,对应

的基波频率为 $5000\mathrm{Hz}$），傅里叶输出的谐波数 Number of Harmonics 设为 10 次，
输出变量为 $V(\mathrm{N1})$，如图 4.132 所示。

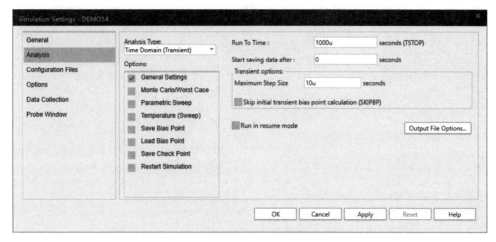

图 4.131 时域分析参数设置

图 4.132 傅里叶分析参数设置

（3）输出时域波形。

执行仿真后得到结点 $V(\mathrm{N1})$ 和 $I(\mathrm{R1})$ 的时域波形图如图 4.133 所示，从波形
图可以看出 $V(\mathrm{N1})$ 是正弦信号，没有谐波分量。

（4）频域波形图分析。

在 PSpice A/D 仿真界面，选择菜单栏中的 Trace→FFT Fourier 命令，屏幕上
出现如图 4.134 所示的频域波形，波形图上显示电压在基频 $500\mathrm{Hz}$ 处峰值最大，
后面的谐波依次减小。选择菜单栏中的 View→Output File 命令，可查看傅里叶
级数的详细信息，如图 4.135 所示。直流分量为 $-0.00027894\mathrm{V}$，$500\mathrm{Hz}$ 频率时的
基波幅值为 $5.2518\mathrm{V}$，其相位延迟为 $-51.699°$；3 次谐波 $1.5\mathrm{kHz}$ 频率幅值为
$0.32927\mathrm{V}$，相位延迟为 $-15.112°$，偶数倍的谐波几乎为零，由于被分析的波形是奇
函数，总谐波失真为 6.41%。

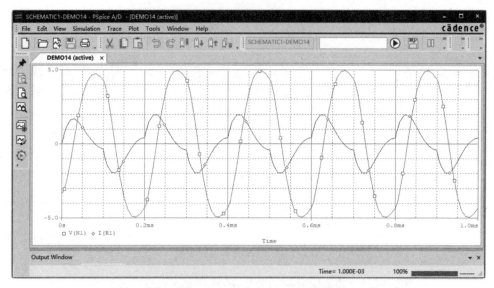

图 4.133 V(N1)和 I(R1)的时域波形图

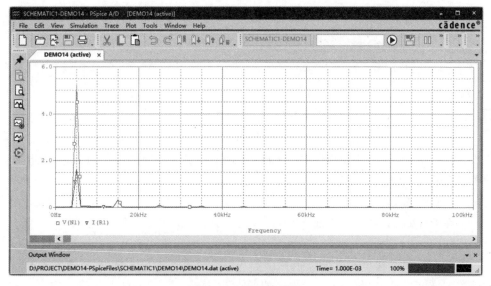

图 4.134 频域波形图

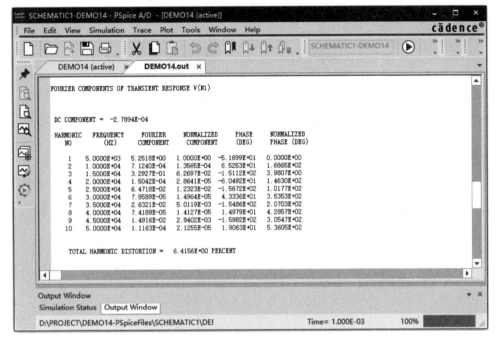

图 4.135 傅里叶级数的详细信息

第5章

安防主控板电路设计（具体案例）

5.1　实例概述

理论是基础,实践是检验理论是否正确的标准。本章通过 Hi3516DV300 安防主控板设计实例来回顾前面章节的内容,让读者更加充分地理解原理图的设计过程和设计方法,从而掌握原理图设计的基本操作技巧。

Hi3516DV300 是一款专用 SoC 处理器,广泛用于安防领域。Hi3516DV300 集成新一代 ISP 和 H.265 视频压缩编码器,同时集成高性能 NNIE 引擎(Neuron Network Inference Engine,神经网络推断引擎),使得 Hi3516DV300 在低码率、高画质、视频智能处理、低功耗等方面处于较为先进的水平。另外,Hi3516DV300 还集成 POR(Power-On Reset)、RTC(Real Time Clock)和待机唤醒等电路,降低了系统的外围器件,为产品设计极大地降低了整机 BOM 成本。Hi3516DV300 主要的硬件性能指标如下。

(1) 处理器内核,双核 ARM Cortex-A7@ 900MHz、32KB I-Cache、32KB D-Cache、256KB L2 Cache。

(2) 支持 NEON 加速,集成 FPU 处理单元,NEON 技术可使视频编解码器的性能提升 $60\% \sim 150\%$,可高效处理视频数据并尽可能减少对内存的访问,从而增加了视频数据的吞吐量。

(3) 视频编解码,支持 H.264 BP/MP/HP、H.265 Main Profile、MJPEG/JPEG Baseline 编码。

(4) 视频编码性能和解码处理性能,H.264/H.265 编解码最大宽度为 2688,最大分辨率 2688×1944。

(5) 智能视频分析,集成神经网络加速引擎,处理性能可达 1.0Tops。集成智能计算加速引擎,包含行为跟踪、人脸校正。

（6）视频与图形处理，支持 3D 去噪、图像增强、动态对比度增强功能，以及支持视频图形叠加、图像 90℃/180℃/270℃ 旋转等功能。

（7）ISP 性能，支持噪声消除、坏点校正、镜头阴影校正、镜头畸变校正、紫边校正、方向自适应，以及具有动态对比度增强、色彩管理增强、细节增强、锐化增强等功能。

（8）音频编解码，通过软件可实现多协议语音编解码（G. 711、G. 726、ADPCM），支持音频 3A（AEC、ANR、AGC）功能。

（9）安全性能，支持安全启动，硬件可实现 AES/DES/3DES/RSA 多种加解密算法，内部集成硬件随机数发生器，以及集成 8Kb OTP 存储空间。

（10）视频接口输入。支持两路输入：第一路输入最大宽度 2688、最大分辨率 2688×1944；第二路输入最大宽度 2048、最大分辨率 2048×1536。支持 BT. 601、BT. 656、BT. 1120 视频输入，支持与 SONY、ON、OmniVision、Panasonic 等主流高清 CMOS 传感器对接。

（11）视频接口输出，支持 1 路 BT. 656/BT. 1120 视频输出接口、1 路 16/18/24bit RGB 并行 LCD 输出、1 路 4Lane Mipi-DSI 接口输出和 1 路 HDMI 1. 4 输出（分辨率 1080p@60fps）。

（12）外围接口，对外接口有 SPI、UART、PWM、SDIO3. 0、USB 2. 0 Host/Device 等接口。

（13）外部存储器接口，SDRAM 接口支持 32bit DDR3（L）/DDR4，最大容量 16Gb，最高速率 1800Mbps；SPI Nor Flash 接口，支持 1、2、4 线模式，最大容量 32MB；SPI Nand Flash 接口，宽度 24bit，最大容量支持 4Gb；eMMC4. 5 接口，4bit 数据位宽。

（14）系统启动功能，可从 SPI Nor Flash、SPI Nand Flash 或 eMMC 启动。

5.2　主控板规格书

主控板的规格书如表 5.1 所示，规格书列举主控板的功能点，以及列举了主控板的主要性能指标，对主控板的工作环境要求、防护性能也进行了描述。

表 5.1　规格书

功　　能	描　　述	备　　注
基本特性		
处理器	双核 ARM Cortex-A7@ 900MHz	
内存	8Gb DDR3 SDRAM	最大容量支持 16Gb，速率最高 1800Mbps
内置存储器	4GB eMMC	

续表

功 能	描 述	备 注
基本特性		
操作系统	Linux-4.9	
视频编解码	支持 H.264 BP/MP/HP、H.265 Main Profile	
系统升级	支持 TF 卡和远程网络升级	
RTC 实时时钟	支持	
硬件指标参数		
内核电压	Hi3516DV300A 内核电源要求是 1.0V/1.6A	
输入电压	主控板输入电压要求是 12V/2A	
运行温度	$-20\sim60℃$	
储藏温度	$-40\sim70℃$	
相对湿度	$10\%\sim90\%$RH(无凝结)	
输入输出接口		
USB 接口	一路独立 OTG 接口	
UART 串行接口	4 路 TTL 3.3V 电平接口,1 路 RS-232 电平接口	
GPIO 接口	60 路 GPIO 接口	
PWM 接口	2 路 PWM 接口,3.3V 电平	
MIPI 显示接口	1 路显示接口,最大分辨率 1280×800	
摄像头接口	2 路 MIPI 总线摄像头接口	
语音输出接口	1 路双声道输出音频接口,可驱动 10W 功率的喇叭	
语音输入接口	1 路麦克风输入接口	
I^2C 接口	2 路 I^2C 接口	
SPI 接口	3 路 SPI 接口	
以太网口	1 路以太网接口	
RS-485 接口	1 路 RS-485 接口	
韦根接口	1 路韦根接口	
摄像头性能		
活体检测	支持双目活体检测	
人脸识别速度	精准识别人脸,人脸识别时间小于 0.8s	
成像逆光性能	支持强逆光环境下人员运动追踪曝光	

续表

功　　能	描　　述	备　注
摄像头性能		
识别距离	0.5～1.5m	更换摄像头后，识别距离可调节
人脸识别角度	左右 30°，上下 30°	
存储容量	25 万条抓拍记录	
人脸容量	65000 张	
防护性能		
电源端口的电快速瞬变脉冲群等级	满足实验等级 3，即能耐受 2kV 的脉冲群干扰，在选用性能较好的电源适配器情况下	
通信端口电快速瞬变脉冲群等级	满足实验等级 2，即能耐受 1kV 的脉冲群干扰	
静电间接放电等级	通过对受试设备附近的耦合板实施放电，以模拟人员对受试设备附近的物体的放电，满足 6kV 的静电间接耦合放电等级	
静电接触放电等级	对通信接口进行接触放电测试，满足 ±4kV 的接触放电要求	

5.3　原理图设计要求

安防控制板有其特有的行业特点，原理图设计除了满足通用的设计要求外，还应满足安防类产品的行业要求，以及满足处理器 Hi3516DV300 的设计要求。原理图设计注意事项将从 CPU 小系统设计要求、电源设计要求、外围接口设计要求来阐述。

5.3.1　CPU 小系统设计要求

CPU 小系统的原理图包括时钟电路、复位电路、CPU 端口配置、DDR 电路和 FLASH 电路，其中的 DDR 电路须借鉴芯片厂家提供的参考电路。

（1）时钟电路。

处理器 Hi3516DV300 通过芯片内部的反馈电路与外部的 24MHz 石英晶体振荡电路一起构成系统时钟电路，电路中选用的电容要和石英晶振的负载电容相匹配，选用 NPO 电容，NPO 电容的温度特性较好。NPO 电容适合用于振荡器和高频耦合电路中，其封装形式不同，电容量变化和介质损耗随频率变化的特性也不同，大封装尺寸的要比小封装尺寸的频率特性好。关于石英晶体的选型，须选用 4 引脚贴片晶振，其中 2 个 GND 引脚与 PCB 的地充分连接，增强系统时钟抗静电干扰能力。晶振电路如图 5.1 所示，R1 是反馈电阻，其阻值一般≥1MΩ，作用是使反相器在振荡初始时处于线性工作区，R2 起到限制振荡幅度的作用，防止反向器输出对晶振的过分驱动。

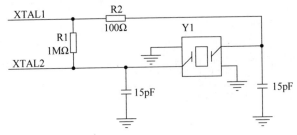

图 5.1　晶振电路

（2）复位电路。

Hi3516DV300 支持内部 POR（Power on Reset）复位，不需要增加外部复位电路。芯片上电后由内部 POR 电路对整个芯片进行复位（复位脉冲宽度约为 32ms）。Hi3516DV300 芯片有复位输出信号，引脚名是 SYS_RSTN_OUT，该引脚可用来复位外围控制芯片，如外部的读卡控制芯片等。注意 SYS_RSTN_OUT 复位电平与外围器件的复位电平要一致，如复位电平不一致，须增加反向电路。

（3）JTAG 接口电路。

JTAG 接口的作用是下载程序、调试程序、芯片边界扫描等，Hi3516DV300 的 JTAG 接口采用 5 线制，分别是 TCK、TDI、TMS、TDO、TRSTN，其功能说明如表 5.2 所示。

表 5.2　JTAG 接口引脚功能说明

引　脚　名	功　能　描　述
TCK	JTAG 时钟输入，须外接 1kΩ 下拉电阻
TDI	数据输入，外接 4.7kΩ 上拉电阻，在 TCK 的上升沿移入数据
TMS	模式选择输入，要求外接 4.7kΩ 上拉电阻
TDO	JTAG 数据输出，外接 4.7kΩ 上拉电阻
TRSTN	JTAG 复位输入，要求外接 10kΩ 下拉电阻

JTAG 电路如图 5.2 所示，注意 Hi3516DV300 的 TEST_MODE 引脚要下拉到 GND，TEST_MODE 引脚是工作模式选择引脚，下拉是正常的工作模式，上拉是芯片的测试模式。

（4）上电初始化配置电路。

Hi3516DV300 上电初始化的过程中，需要配置相关引脚的状态，以确定芯片上电后进入的工作模式，如引脚配置与启动模式存在冲突，系统将不能正常启动，引脚配置如表 5.3 所示。

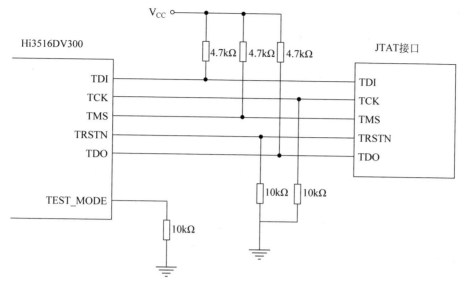

图 5.2 JTAG 电路

表 5.3 上电初始化引脚功能说明

引 脚 名	方 向	描 述
BOOT_SEL1 BOOT_SEL0	输入	BOOT 源的选择 00：从 SPI Nor/Nand Flash 启动 01：从 EMMC 启动 10：FAST BOOT 模式，串口烧写 SPI Nor/Nand Flash 11：FAST BOOT 模式，串口烧写 EMMC
SFC_DEVICE_MODE	输入	SPI FLASH 器件类型选择 0：SPI NOR FLASH 1：SPI NAND FLASH
SFC_ BOOT_MODE	输入	如果 BOOT_SEL[1:0]＝00,SFC_DEVICE_MODE＝ 0,SFC_ BOOT_MODE 用来指示 SPI NOR FLASH 的 boot 模式选择 0：3 Byte address mode 1：4 Byte address mode 如果 BOOT_SEL[1:0]＝00,SFC_DEVICE_MODE＝ 1,SFC_ BOOT_MODE 用来指示 SPI NAND FLASH 的 boot 模式选择 0：1 I/O boot mode 1：4 I/O boot mode
UPDATE_MODE	输入	SDIO0 及 USB 烧写功能控制 0：使能 SDIO0 及 USB 烧写功能 1：禁用 SDIO0 及 USB 烧写功能

（5）DDR 电路。

Hi3516DV300 支持 DDR3(L)和 DDR4,有 1 个 DDRC 接口,32bit 数据位宽,可连接 2 片 16bit DDR3(L)或 DDR4。当连接 2 片 DDR3(L)/DDR4 时,差分时钟

DDR_CLK_N/P 须采用一驱二拓扑结构,在靠近 Hi3516DV300 端并联 1 个 2.2pF 电容,在靠近 DDR 端位置跨接 1 个 100Ω 的电阻。

(6) FLASH 原理图设计。

Hi3516DV300 可支持 SPI NOR FLASH、SPI NAND FLASH 和 eMMC,当外接 SPI NOR FLASH 时,须选用带复位功能的 SPI FLASH 器件,以避免出现主芯片 Watch Dog 生效复位时,FLASH 无法同步复位,从而无法正常重启的问题。SPI 接口 的 CLK 信号源端串接 33Ω 电阻,CLK 信号在 PCB 上的走线长度不要超过 3in(英 寸)。SPI 数据信号在 PCB 上的走线长度也不要超过 3in。原理示意图如图 5.3 所示。

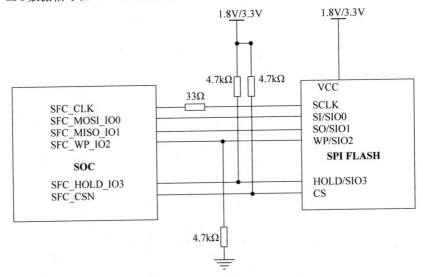

图 5.3 SPI FLASH 电路

5.3.2 电源设计要求

电源电路的设计主要考虑 CPU 内核电源、DDR 电源、I/O 口电源的设计要 求、PLL 电源,以及电源上下电时序的要求。

(1) CPU 内核电源。

Hi3516DV300 内核电源引脚名是 DVDD,典型电压值为 0.9V,要求其供电能 力不小于 3A,电压纹波噪声控制在 ±38mV。推荐使用支持 COT(Constant On-Time)模式的 DC-DC 电源芯片,COT 模式跟传统的固定频率控制方式的 DC-DC 芯片相比具有更快的动态响应,尤其是在低占空比应用时这种优势会更明显。当 负载突变时,输出电压下降,当低于参考电压时会立即打开高侧开关,通过改变开 关频率来影响占空比并达到稳定输出的效果。

(2) DDR 电源。

DDR 电源的典型电压值是 1.2V,DDR 芯片的电源要求与 Hi3516DV300 的 DDR IO 电源采用同一电源网络供电。DDR 参考电压(V_{REFCA})等于 1/2 的

VDDIO_DDR,通过两个分压电阻来实现,电阻值为 1kΩ,精度为 ±1%,并在电源端并联 220nF 的电容,原理图参数设计如图 5.4 所示。

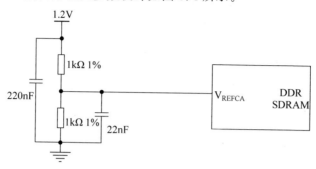

图 5.4　DDR 参考电压示意图

（3）I/O 口电源设计。

Hi3516DV300 的 I/O 口电源包括通用接口电源、FLASH 接口电源、配置引脚 I/O 电源、MIPI/LVDS 接口电源、UART 接口电源、SDIO 接口电源,设计要求如表 5.4 所示。

表 5.4　I/O 口电源设计要求

电源名称	引脚名	设计要求
通用接口电源	DVDD33	连接通用数字接口,3.3V 电压,建议使用固定 PWM 模式的 DC-DC 稳压芯片
FLASH 接口电源	DVDD3318_FLASH	可进行配置,支持 3.3V 或 1.8V 电压
配置管脚 I/O 电源	DVDD3318_SENSOR	根据设计要求可进行配置,支持 3.3V 或 1.8V 电压
MIPI/LVDS 接口电源	AVDD3318_MIPI	Hi3516DV300 的 MIPI/LVDS 引脚可以复用成 Parallel Data 功能,电平支持 3.3V 电压或 1.8V 电压。当引脚作为 MIPI 或者 LVDS 接口时,AVDD3318_MIPI 须连接 1.8V 电压;当引脚复用为 Parallel Data 功能时,AVDD3318_MIPI 可连接 3.3V 电压或者 1.8V 电压
UART 接口电源	DVDD3318_UART1	支持 3.3V 电压或 1.8V 电压
SDIO 接口电源	DVDD3318_SDIO1	支持 3.3V 电压或 1.8V 电压

（4）PLL 电源。

Hi3516DV300 有两个 PLL 电源,分别是 AVDD09_PLL 和 AVDD33_PLL,设计上须增加隔离电路,AVDD09_PLL 须用磁珠（1kΩ@100MHz）对 DVDD 电源进行隔离,AVDD33_PLL 须用磁珠（1kΩ@100MHz）对数字电源 3.3V 进行隔离。

（5）电源上下电时序。

内核电源、DDR 电源和 I/O 电源有上下电时序的要求,上电顺序依次排列为 I/O 电源、DDR 电源、内核电源。下电时,I/O 电源先下电,当 I/O 电源 3.3V 电压下降到阀值 2.1V 时,内核电源才可以开始下电。上电时序要求如图 5.5 所示,其

中 $0<T1\leqslant10ms$、$T2\geqslant0ms$、$T3>0ms$，下电时序要求如图5.6所示。

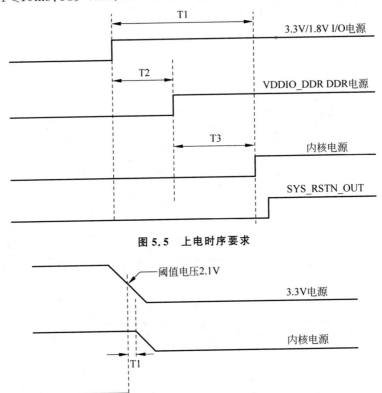

图 5.5 上电时序要求

图 5.6 下电时序要求

5.3.3 外围接口电路设计要求

外围接口电路包括显示接口电路、摄像头接口电路、I^2C 接口电路、SDIO 接口电路、USB 接口电路等，设计注意事项如下。

（1）显示接口电路。

显示接口为 MIPI 接口，Hi3516DV300 内置了一个 MIPI TX PHY，用于对接 MIPI 接口的 LCD 屏。其中 AVDD3318_MIPITX 电源引脚需要与芯片数字电源用磁珠隔离并在芯片引脚端放置 $2.2\mu F$ 滤波电容，DSI_D0P/N、DSI_D1P/N、DSI_D2P/N 和 DSI_D3P/N 四对差分信号线参考差分时钟信号 DSI_CKP/N 的采样，PCB 走线按差分和等长进行处理。

（2）摄像头接口电路。

摄像头视频输入接口有两组差分时钟信号和 4 组差分数据信号，支持 2lane MIPI RX 输入和 4lane MIPI RX 输入。当配置成 4lane MIPI RX 规格时，MIPI_RX_CK0P/N 对 MIPI_RX_D0P/N、MIPI_RX_D1P/N、MIPI_RX_D2P/N、MIPI_

RX_D3P/N 进行采样；当配置成 2lane MIPI RX 规格时，MIPI_RX_CK0P/N 对 4lane 数据中的任意 2lane 进行采样，建议优先选择 MIPI_RX_D0P/N 和 MIPI_RX_D2P/N；当配置成 2lane＋2lane MIPI RX 规格时，要求 MIPI_RX_CK0P/N 对 MIPI_RX_D0P/N、MIPI_RX_D2P/N 进行采样，MIPI_RX_CK1P/N 对 MIPI_RX_D1P/N、MIPI_RX_D3P/N 进行采样。MIPI RX 接口内置了 100Ω 跨接匹配电阻，外部无需再设计或者预留。

（3）I^2C 接口电路。

Hi3516DV300 有 8 组 I^2C 接口，其中 I^2C0、I^2C1 用于 Sensor 配置，它们与 SPIO 接口复用。I^2C 接口信号须外接 4.7kΩ 上拉电阻，同时上拉电平须与 DVDD3318_SDIO1 电压保持一致。

（4）SDIO 接口电路。

Hi3516DV300 有 2 路 SDIO 接口，其中 SDIO0 支持 SDIO3.0 和 SDXC 存储卡。SDIO1 用来连接 WiFi 控制芯片，数据接口支持 1.8V 或 3.3V 电平，但 SDIO0_CARD_DETECT 和 SDIO0_CARD_POWER_EN 只支持 3.3V 电平。SDIO 接口信号设计要求如表 5.5 所示。

表 5.5 SDIO 接口信号设计要求

信 号	设 计 要 求
SDIO0_VOUT	在 Hi3516DV300 芯片端接 470nF 的电容到地
SDIO0_CCLK_OUT	在芯片源端串联 33Ω 电阻，PCB 走线长度不能超过 4in
SDIO0_CDATA[0:3] SDIO0_CMD	在芯片源端串联 33Ω 电阻，走线长度不能超过 4in，预留 47kΩ 上拉电阻
SDIO0_CARD_DETECT	外接上拉电阻到 3.3V，上拉电阻的阻值为 10kΩ
SDIO1_CCLK_OUT	在芯片源端串联 33Ω 电阻，走线长度不能超过 4in
SDIO1_CDATA[0:3] SDIO1_CMD	走线长度不能超过 4in，预留 47kΩ 上拉电阻

（5）USB 接口电路。

Hi3516DV300 有 USB 2.0 接口，支持 Host 或 Device，不支持 OTG 模式。AVDD33_USB 与系统 3.3V 应为同一路电源，在靠近引脚处放置一个 2.2μF 的滤波电容。当 USB 用作 Device 时，USB_VBUS 需要通过 2 个 10kΩ 电阻分压 5V0_USBS 做输入检测，如 USB 仅用来做 host 模式，该引脚可悬空。USB 信号上要放置 ESD 保护器件，ESD 器件的寄生电容要求小于 2pF，并靠近 USB 接口放置。

5.4 原理图绘制

启动 Capture CIS 17.4，建立一个工程文件，选择菜单栏中的 File→New→Project 命令，进入新建项目界面，输入项目名称后进入原理图编辑界面，然后逐一放置元件和绘制原理图。

（1）第 1 页，Page1 是原理图的方框示意图。方框示意图主要展示了主控芯片 Hi3516DV300 与外围接口器件的连接方式，简单说明了原理图有哪些功能模块，以及功能模块之间是如何互联的，方框示意图如图 5.7 所示。

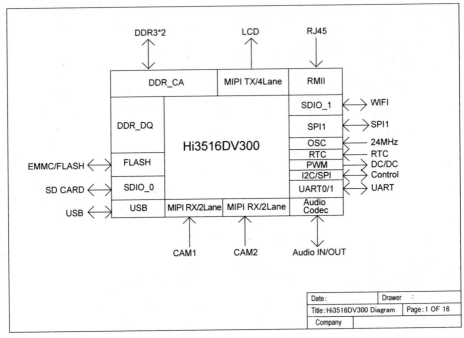

图 5.7　原理图方框图

（2）第 2 页，Page2 是原理图的电源网络。电源网络为系统的各个元器件提供电能，如果电源网络设计不当，系统将不能稳定工作，发热量大。电源芯片的选型原则是适当降额，避免"小牛拉大车"，负载电流须留有一定的裕量，实际负载电流约为电源芯片最大输出电流的 70%～80%。电源网络如图 5.8 所示（由于原理图内容较多，只展示了部分内容，如需要浏览完整的原理图，请扫描书后二维码下载），该页放置了 12V 转 5V 电路、12V 转 3.3V 电路、5V 转 1.8V 电路、3.3V 转 2.8V 电路、3.3V 转 1.2V 电路。12V 转 5V 电路是系统的主电源，电源芯片选用 MP2316，MP2316 是一款静态电流较低的同步降压开关型变换器，在宽输入电压范围内可实现 3A 连续输出电流，芯片具有短路保护、过流保护、欠压保护和过温关断保护功能。

（3）第 3 页，该页放置 3.3V 转 1.8V 电源、3.3V 转 0.9V 电源、3.3V 转 1.5V 电源，原理图如图 5.9 所示。

（4）第 4 页和第 5 页，第 4 页放置了 Hi3516DV300 控制 DDR 的接口电路，第 5 页是 DDR3 H5TQ4G63AFR 的电路，用了两片 H5TQ4G63AFR，单片 H5TQ4G63AFR 的容量是 4Gb，工作电压是 1.5V，数据宽度 16 位。第 4 页原理图如图 5.10 所示，第 5 页的原理图如图 5.11 所示。

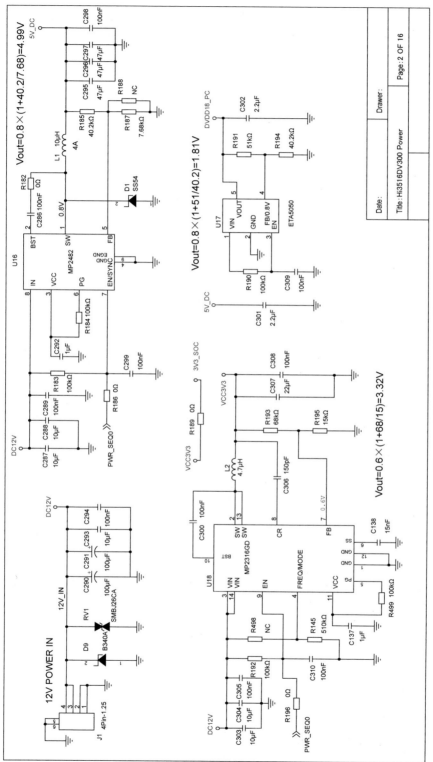

图 5.8　电源部分（12V 转 5V 等）

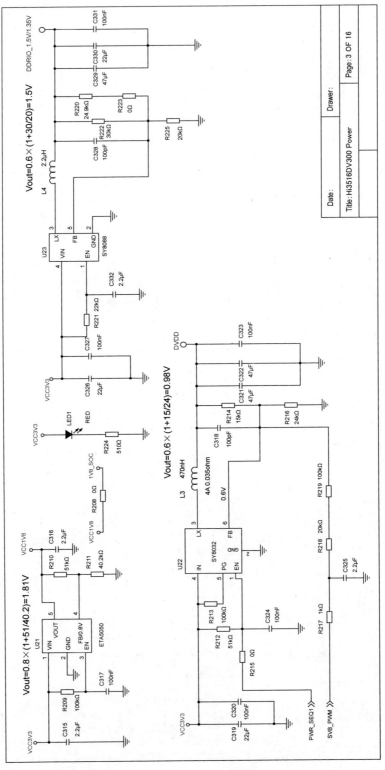

图 5.9 电源部分(3.3V 转 1.8V 等)

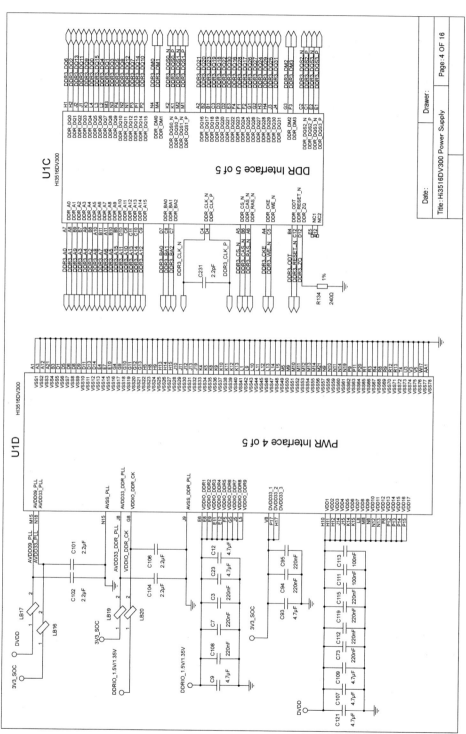

图 5.10 Hi3516DV300 电源供电电路

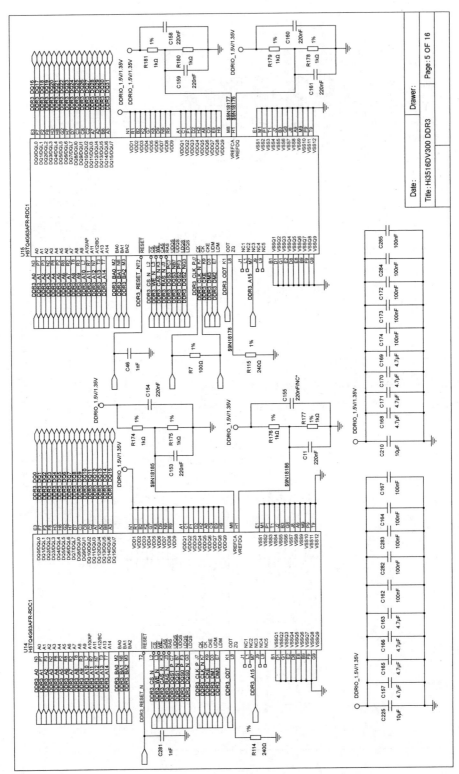

图 5.11 Hi3516DV300 DDR3 存储器

（5）第6页、第7页和第8页，这三页是 Hi3516DV300 小系统的原理图，包括了 Hi3516DV300 的时钟电路、开关机电路、引脚配置电路等。第6页的原理图如图5.12所示，第7页的原理图如图5.13所示，第8页的原理图如图5.14所示。

（6）第9页，该页是 Flash 电路。串行 Flash 的型号是 MXIC 旺宏电子的 MX25L128 和 MX25L25635E，MX25L128 容量是 128Mb，MX25L25635E 是 256Mb，接的是相同的 SPI 接口，实际焊接时只能选择其中的一片 Flash。之所以放置两种型号的 Flash，主要是考虑兼容不同容量的串行 Flash。eMMC（Embedded Multi Media Card）NAND Flash 的型号是美光科技的 MTFC8GAKAJCN，容量是 8GB，芯片封装是153 脚 FBGA，eMMC 内部的 Flash memory（VCC）供电电压是 3.3V，eMMC 的接口电压和内核电压是 1.8V，原理图如图 5.15 所示。

（7）第10页，该页是显示屏接口电路，显示屏接口是 MIPI 接口，使用四对差分信号线，分别是 MIPI_TX_DSI_D3P、MIPI_TX_DSI_D3N、MIPI_TX_DSI_D2P、MIPI_TX_DSI_D2N、MIPI_TX_DSI_D1N、MIPI_TX_DSI_D1P、MIPI_TX_DSI_D0N、MIPI_TX_DSI_D0P。显示屏的背光亮度调节使用 PWM 信号，PWM 的控制原理是通过改变一定周期内的导通和关断时间改变电流的大小从而调节背光亮度，原理图如图 5.16 所示。

（8）第11页，该页是摄像头接口电路和音频电路，摄像头接口电路支持两路摄像头输入，第一路支持输入最大宽度 2688，最大分辨率是 2688×1944；第二路支持输入最大宽度 2048，最大分辨率是 2048×1536。可与 SONY、ON、OmniVision、Panasonic 等主流高清 CMOS 传感器对接。音频电路的功放芯片是 CS8121S，CS8121S 是一款 4.0W 单声道 D 类音频放大器，采用全差分输入，放大倍数可通过外部电阻进行调节。CS8121S 内置了过流保护、短路保护和过热保护功能，可有效地保护芯片在异常的工作条件下不被损坏。芯片内部集成了 AERC（Adaptive Edge Rate Control）技术，能提供优异的全带宽 EMI 抑制能力，原理图如图 5.17 所示。

（9）第12页，该页放置了 WiFi 和蓝牙通信电路。控制芯片选用 AP6212，AP6212 集成了 WiFi＋蓝牙功能，其 WiFi 功能符合 IEEE 802.11 b/g/n 标准，其蓝牙功能符合 BT4.2 标准，原理图如图 5.18 所示。

（10）第13页，该页是以太网和 BOOT 接口电路，以太网控制芯片是 AR8032，该芯片满足以太网 IEEE802.3 标准，支持 MI/RMII 接口，需外接 50MHz 的时钟源，原理图如图 5.19 所示。

（11）第14页，该页是单片机 STM32F103 的控制电路。单片机 STM32F103 用来控制非接触卡读卡电路和 SAM 卡读卡电路，原理图如图 5.20 所示。

（12）第15页，该页放置了非接触卡读卡电路和 SAM 卡读卡电路。非接触卡读卡控制芯片是 FM17550，FM17550 通过 SPI 接口与单片机通信，原理图如图 5.21 所示。

（13）第16页，该页是连接器接口电路，安防主控板需要有韦根接口、RS-485 接口、USB 接口和 GPIO 接口等，原理图如图 5.22 所示。

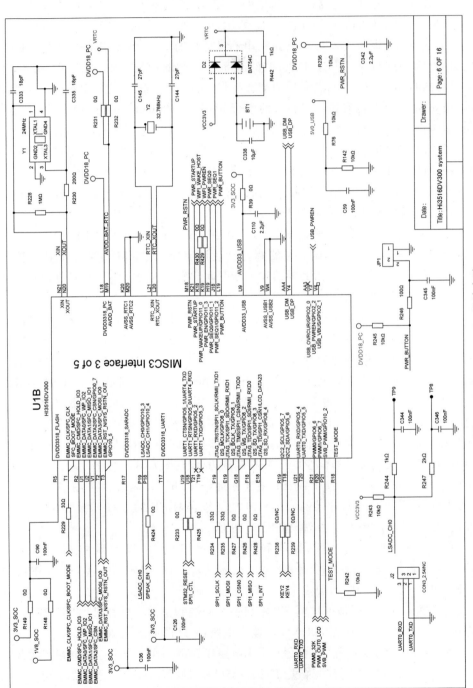

图 5.12 Hi3516DV300 系统电路

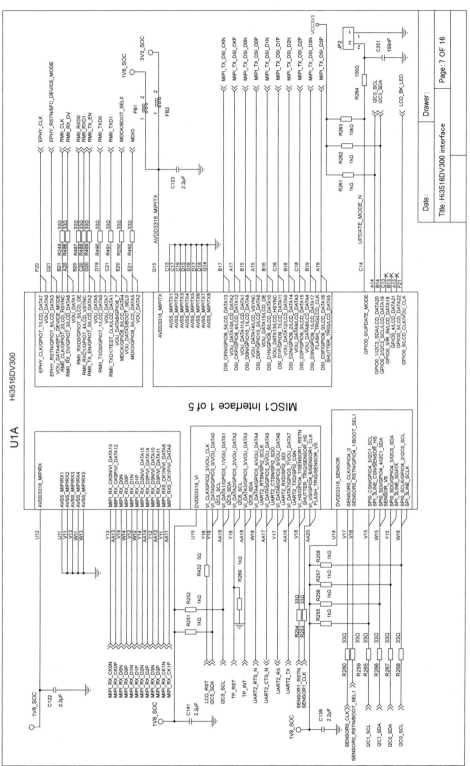

图 5.13 Hi3516DV300 接口分配

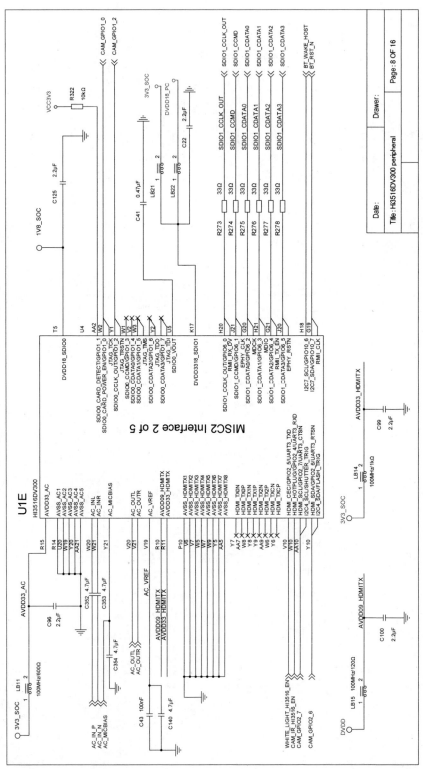

图 5.14　Hi3516DV300 接口资源

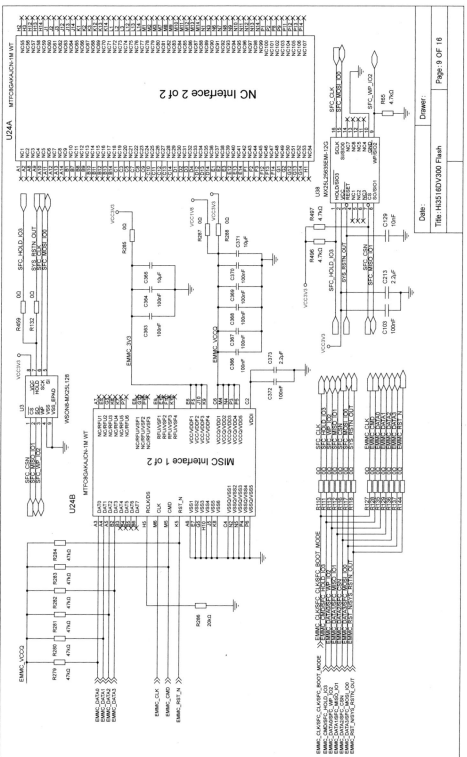

图 5.15 Hi3516DV300 外围电路

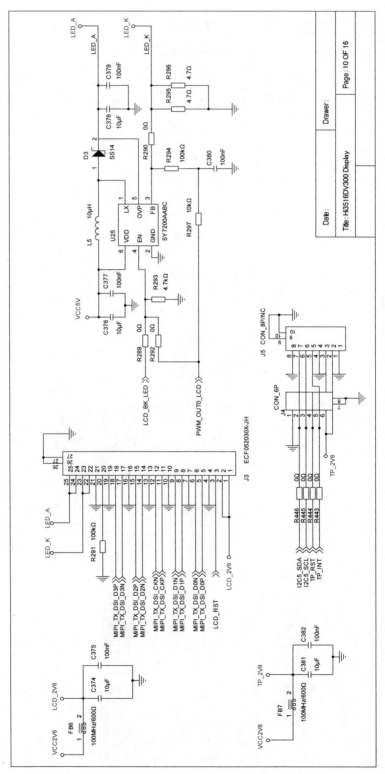

图 5.16 Hi3516DV300 显示屏接口电路

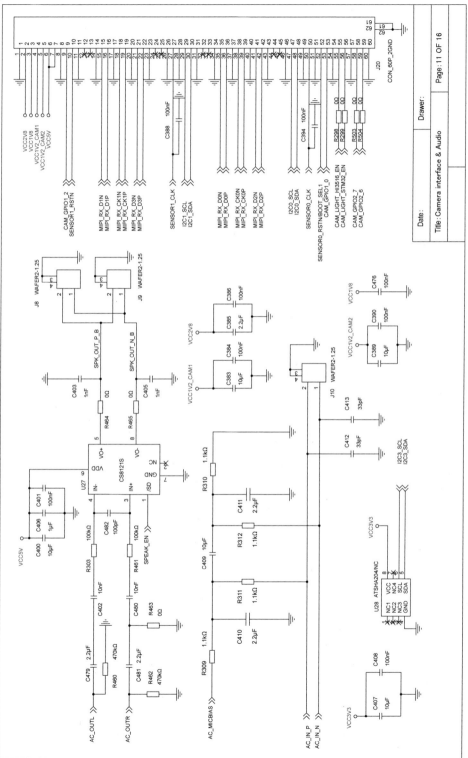

图 5.17 Hi3516DV300 摄像头接口电路音频电路

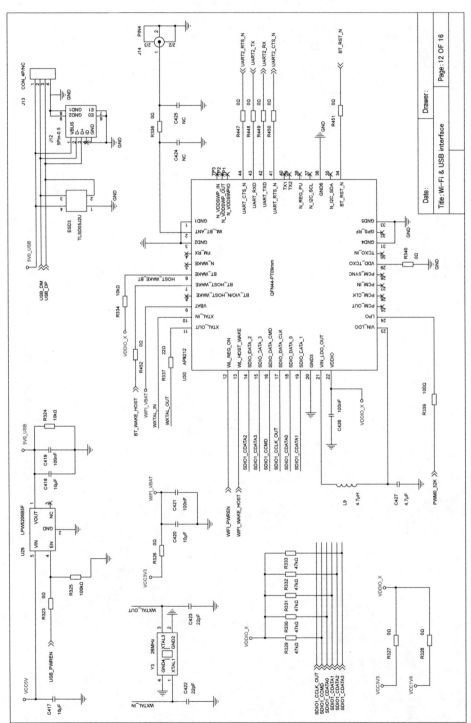

图 5.18　Hi3516DV300 WiFi 和蓝牙通信电路

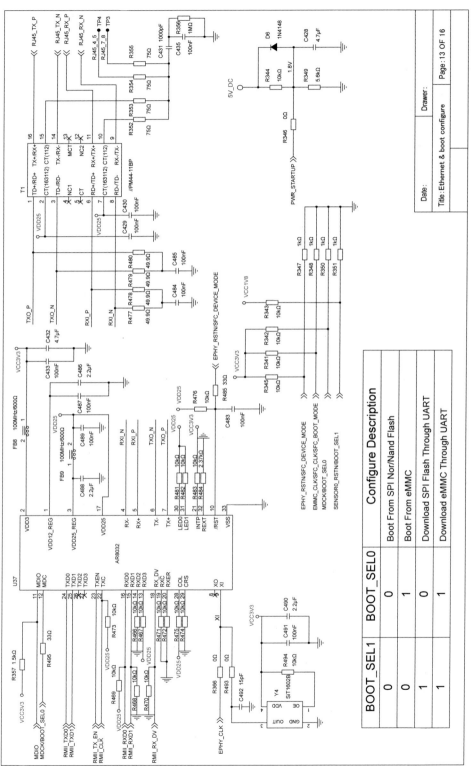

图 5.19　Hi3516DV300 以太网和 BOOT 接口电路

BOOT_SEL1	BOOT_SEL0	Configure Description
0	0	Boot From SPI Nor/Nand Flash
0	1	Boot From eMMC
1	0	Download SPI Flash Through UART
1	1	Download eMMC Through UART

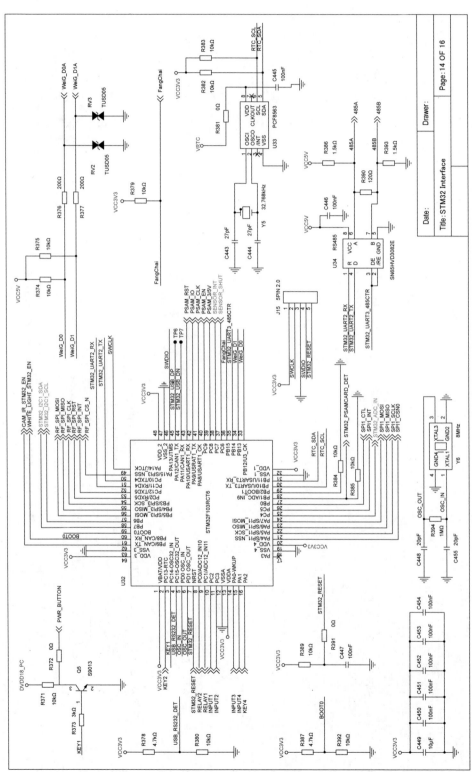

图 5. 20　STM32F103 接口电路

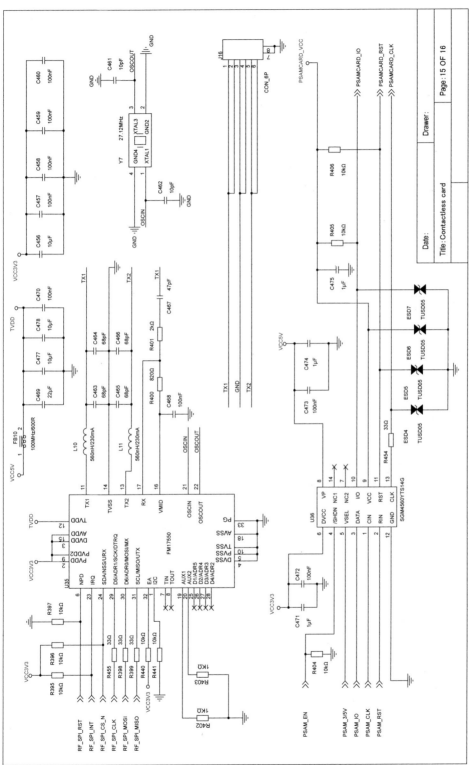

图 5.21　非接触卡读卡电路和 SAM 卡读卡电路

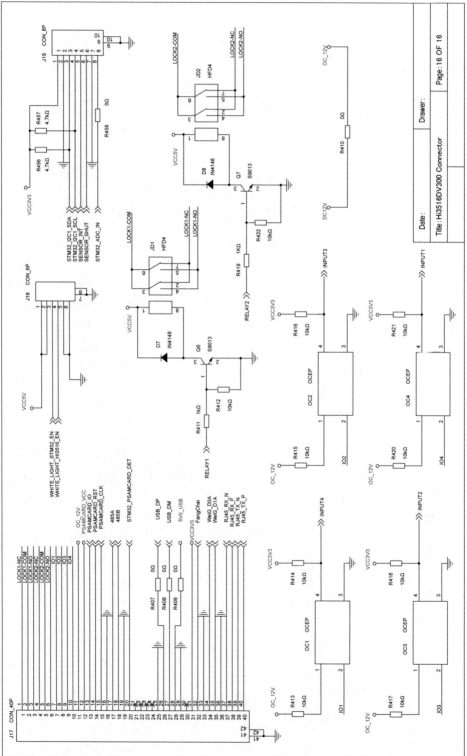

图 5.22　连接器接口电路

5.5　PCB 设计

PCB 设计是以电路原理图为根据，实现电路设计者所需要的功能。PCB 设计应考虑诸多因素，如器件布局设计、走线阻抗控制、PCB 贴片工艺等。

5.5.1　器件布局原则

在 PCB 设计中，器件布局是一个非常重要的环节，器件布局好坏将直接影响布线的效果和 PCB 的性能，可以认为合理的器件布局是 PCB 设计成功的第一步。器件布局要遵循一定的原则，只有合理科学的布局才能设计出稳定可靠的 PCB。

（1）按电路模块进行布局，实现同一功能的相关电路称为一个模块，电路模块中的元件应采用就近集中原则，同时数字电路和模拟电路须适当分开。

（2）元件排列规则，所有的元件应均匀布置在印制电路板的同一面，只有在顶层元件过密时，才能将一些高度有限并且发热量小的器件，如贴片电阻、贴片电容、集成电路等放在底层。其次，在保证电气性能的前提下，元件应放置在栅格上且相互平行或垂直排列，以求整齐、美观。另外，如元器件或导线之间存在较高的电位差时，应加大它们的距离，以免因发生放电、击穿而引起短路，带高电压的元件应尽量布置在调试时手不易触及的地方。

（3）按照信号走向来布局元器件。按照信号的流向逐个放置各个功能单元电路的元器件，多数情况下，信号的流向布局为从左到右或从上到下，另外与输入、输出端直接相连的元件应当放在靠近输入、输出接插件的地方。

（4）重量较重器件的布局，重量超过 15g 的器件可认为是重量较重的器件，其布局要考虑固定方式和焊接工艺，在焊接时可先将器件用支架固定，然后再焊接。如果是体积又大、重量又重的器件，不应放到电路板上，应放到独立的位置，通过电缆线与 PCB 连接。

（5）金属壳体元器件不能与其他元器件相碰，不能紧贴印制线和焊盘，其相互之间的间距应大于 1.5mm，否则会有短路的风险。电源插座要尽量布置在印制板的边缘，电源器件的布局尽量满足最小环路要求。

（6）接口保护器件摆放顺序要求，信号接口保护器件的摆放顺序是 ESD/TVS 管→隔离变压器→共模电感→电容→电阻，电源接口保护器件摆放顺序是压敏电阻→保险丝→瞬态电压抑制二极管→共模电感。

5.5.2　PCB 布线原则

PCB 走线设计的好坏对电路板的抗干扰能力、电磁兼容性等方面影响很大，走线时须考虑各种因数以便电路获得最佳的性能。布线的方式有两种，分别是手工布线和自动布线。手动布线是根据实际 PCB 情况布线，布线速度慢、工作量大，但布线的质量较高。自动布线是根据工具已有规则进行布线,自动布线速度快、工作量小,但布线的质量较差,自动布线只适合不需要考虑信号完整性和电磁兼容性的信号走线。大部分情况应选择手工布线,尤其对于一些比较敏感的模拟信号线和高频数字信号线。

(1)遵循"先小后大,先难后易"的布线原则,也就是说先完成重要单元电路的走线,比如 MCU 小系统、存储器系统。同时复杂的线优先走,如 BGA 器件的走线等。

(2)走线方向控制。相邻层的走线方向成正交结构,避免将不同的信号线在相邻层走成同一方向,以减少不必要的层间串扰。当 PCB 布线受到限制,难以避免出现平行布线时,且该信号速率较高时,应考虑增加地平面来隔离。

(3)避免直角走线和锐角走线,因为直角走线、锐角走线使得传输线的线宽产生变化,造成其阻抗的不连续。如果有直角走线,其拐角可以等效为传输线上的容性负载,在高速、高频信号中变得尤为明显,容性负载会增加信号的反射,产生 EMI 辐射。

(4)电源与地线的处理,当 PCB 是双层板时,需把电源线、地线所产生的噪音干扰降到最低限度。应尽量加宽电源线、地线的走线宽度,信号线、电源线、地线的走线宽度关系是地线>电源线>信号线。通常信号线宽为 0.1~0.3mm,电源线宽度建议做到 1.0mm 以上。关于地线的处理,可用大面积铜箔作地线,在印制板上把没被用上的地方都与地相连接作为地线。

(5)环路最小规则,即信号线与其回路构成的环面积要尽可能小,环面积越小,对外的辐射越少,接收外界的干扰也越小。针对这一规则,在地平面分割时,要考虑到地平面与信号走线的分布,防止由于地平面开槽等带来的问题。

(6)走线长度控制规则,PCB 走线时应尽量让走线长度短,以减少由于走线过长带来的干扰问题。特别是一些重要的信号线,如时钟线,将振荡元件放在离其主器件很近的地方。对时钟线同时驱动多个器件的情况,应采用适合的网络拓扑结构以减少走线长度。

(7)检查走线的开环和闭环,不允许出现一端浮空的走线,浮空的走线会产生"天线效应",将给电路带来不必要的干扰辐射。

(8)阻抗匹配规则,同一网络的布线宽度应保持一致,线宽的变化会造成线路特性阻抗的不均匀,当信号传输的速度较高时会产生反射,在走线时应该尽量避免这种情况。特殊情况,如 BGA 器件的引出线,无法做到线宽一致时,应该尽量减少引出端不一致部分的有效长度。

5.5.3　PCB Layout

依据器件布局原则和 PCB 布线原则进行 PCB Layout,PCB Layout 前先确定PCB 的层数。PCB 的层数主要由 CPU 的主频、存储器的类型和器件引脚密度来确定,CPU 的主频是 900MHz,存储器的封装是 BGA 封装,另外器件引脚密度也较大,因此 PCB 采用 6 层板,PCB 层叠结构如表 5.6 所示。由于篇幅的原因,PCB Layout 绘制过程在此不具体讲述,PCB 的源文件扫描书后二维下载。

表 5.6 PCB 的层叠结构

层 数	层 定 义	层 数	层 定 义
L1(Top)	器件层	L4	信号层
L2	GND	L5	信号层
L3	信号层	L6(Bottom)	器件层